高等学校应用型特色规划教材

PHP + MySQL 动态网站设计实用教程

徐俊强　史香雯　主　编

孙　屹　姚文林　副主编

清华大学出版社
北　京

内 容 简 介

PHP 是一种易于学习和使用的后台开发技术，并与 MySQL 有着天生的结合性，用户只需具备很少的编程知识，就可以使用 PHP 建立一个具有交互功能的 Web 站点。

本书从 PHP 基础入手，简单介绍了 PHP 运行环境的安装、配置、语法、函数等基础知识，以及 PHP 访问 MySQL 数据库部分的高级知识，为开发比较复杂的网站打下坚实的基础。

本书通过价格查询系统、用户管理系统、留言簿管理系统、在线投票系统、新闻管理系统 5 个较为典型的实例，比较详尽地讲解了 PHP 的技术要点和开发过程，让读者理解 PHP 和体会 PHP 的运用，把 PHP 与 MySQL 完美结合中最有效、安全、实用的部分展现在读者面前，使读者获取最大的收获。

本书封面贴有清华大学出版社防伪标签，无标签者不得销售。
版权所有，侵权必究。侵权举报电话：010-62782989　13701121933

图书在版编目(CIP)数据

PHP + MySQL 动态网站设计实用教程/徐俊强，史香雯主编. 一北京：清华大学出版社，2015(2018.3 重印)
(高等学校应用型特色规划教材)
ISBN 978-7-302-40335-7

Ⅰ. ①P… Ⅱ. ①徐… ②史… Ⅲ. ①PHP 语言—程序设计—高等学校—教材 ②关系数据库系统—高等学校—教材 Ⅳ. ①TP312 ②TP311.138

中国版本图书馆 CIP 数据核字(2015)第 106621 号

责任编辑：杨作梅　宋延清
封面设计：杨玉兰
责任校对：周剑云
责任印制：杨　艳

出版发行：清华大学出版社
　　　　　网　　　址：http://www.tup.com.cn, http://www.wqbook.com
　　　　　地　　　址：北京清华大学学研大厦 A 座　　　邮　编：100084
　　　　　社 总 机：010-62770175　　　　　　　　　　邮　购：010-62786544
　　　　　投稿与读者服务：010-62776969, c-service@tup.tsinghua.edu.cn
　　　　　质量反馈：010-62772015, zhiliang@tup.tsinghua.edu.cn
　　　　　课件下载：http://www.tup.com.cn, 010-62791865

印 装 者：北京密云胶印厂
经　　销：全国新华书店
开　　本：185mm×260mm　　印　张：18　　字　数：433 千字
版　　次：2015 年 6 月第 1 版　　　　　　　　印　次：2018 年 3 月第 5 次印刷
印　　数：8001～10000
定　　价：40.00 元

产品编号：064849-01

前　　言

　　PHP 是一种执行于服务器端、嵌入 HTML 文档的通用开源脚本语言，其语法吸收了 C 语言、Java 语言和 Perl 语言的特点，易于学习，使用广泛，主要适用于 Web 开发领域。

　　MySQL 是最流行的关系型数据库管理系统，是在 Web 应用方面最好的关系数据库管理系统应用软件之一，具有体积小、速度快、总体拥有成本低、源码开放等特点。

　　Apache 是世界上使用量排名第一的 Web 服务器软件，它可以运行在几乎所有广泛使用的计算机平台上，其跨平台性和安全性使其被广泛使用，是最流行的 Web 服务器端软件。

　　MySQL 搭配 PHP 和 Apache，可以组成良好的开发环境，该技术已成为目前国内中小型网站普遍采用的网站开发方式。

　　本书作为计算机网络专业"动态网站开发"课程的授课教材。分为七个模块，前两个模块介绍网站开发环境的配置及 PHP 的基本语法规范，后五个模块是五个网站开发实例。在教学过程中，教师可以根据教学需要来安排实例教学顺序或者做适当的删减。通过学习，使学生能够掌握网站的设计流程，明白网站的运行过程和工作原理。

　　各模块的内容概括如下。

　　模块一：引导学生进入 PHP 开发领域，了解 Web 开发需要的各种构件，掌握基于数据库的动态网站运行原理，以及 PHP 的功能、开发优势和发展趋势，掌握在 Windows 系统下安装 PHPnow 的操作方法。

　　模块二：以小实例的形式着重介绍 PHP 的基本语法，包括语言风格、数据类型、变量、常量、PHP 运算符和表达式的内容；还有 PHP 的语言结构，包括条件语句、循环语句等流程控制结构和函数声明与应用的各个环节；介绍 PHP 的数组与数据结构的应用。

　　模块三：讲解"价格查询系统"实例，重点介绍以 Dreamweaver 进行 PHP 开发的流程，搭建 PHP 动态系统开发平台的方法，检查、编辑数据库记录的操作方法。

　　模块四：讲解"用户管理系统"实例，按照软件开发的基本过程，以系统的需求分析、数据库设计和系统的设计为基本开发步骤，详细介绍用户管理系统开发的全部过程，通过对用户注册信息的统计，可以让管理员了解到网站的访问情况；通过对用户权限的设置，可以限制其对网站页面的访问。

　　模块五：讲解"留言簿管理系统"实例，留言簿的功能主要是实现网站的访问者与网站管理者的交互，主要涉及数据库留言信息的插入、回复和修改信息等操作。

　　模块六：讲解"在线投票管理系统"实例。包括投票功能、投票处理功能和显示投票结果功能。通过投票者单击"投票"按钮，激活投票处理功能，对服务器传来的数据做出相应的处理，先判断用户选择的是哪一项，并累计相应的字段值，然后更新数据库，最后显示投票的结果。

模块七：讲解"新闻管理系统"实例，主要实现对新闻的分类和发布，其作用就是在网上传播信息，通过对新闻的不断更新，使用户及时了解行业信息、企业状况以及其他需要了解的知识。主要操作包括访问者的新闻查询功能，系统管理员对新闻的新增、修改和删除功能。

本书由史香雯、孙屹和徐俊强合作编写完成，其中模块一、模块二、模块三由徐俊强编写，模块四、模块五由史香雯编写，模块六、模块七由孙屹编写。本书的插图、整体设计及教材成书的编排等工作由徐俊强完成。

在本书的编写过程中，得到了天津市劳动经济学校、天津市人力资源和社会保障局第二高级技工学校相关部门及领导的关心和大力支持，得到了学校计算机教学部专业课教师的热心帮助和指导，校企合作单位之一——华为(天津)科技有限公司的高级工程师姚文林对本教材的编写提出了意见和建议，计算机教学部张静老师对本书的出版做了大量的工作，在此一并表示衷心的感谢。

本书在编写过程中参考了一些 PHP + MySQL 网站开发的书籍，并从百度文库及有关网站(如 http://www.w3school.com.cn)获取了相关的知识。由于作者水平所限，书中难免会存在一些错误，诚请谅解，并期待您的批评和指正。

联系邮箱：tjljlkb@126.com

编　者

目　录

模块一　PHP 网站开发环境的配置 1

任务 1　了解 PHP 开发环境 2
 1.1　PHP 2
 1.2　Apache HTTP Server 2
 1.3　MySQL 关系型数据库
   管理系统 3
任务 2　PHP 开发环境的安装和配置 4

模块二　PHP 的基本语法 11

任务 1　PHP 程序的基本结构 12
 1.1　程序的基本结构 12
 1.2　打印输出结果 13
 1.3　程序的注释 13
任务 2　动态输出字符 14
 2.1　随机函数的调用 14
 2.2　对字符串首尾空格的控制 15
 2.3　字符串的格式化输出 15
 2.4　格式化输出 16
 2.5　字母的大小写转换 17
 2.6　特殊字符的处理 17
任务 3　表单变量的应用 18
 3.1　POST 表单变量 18
 3.2　GET 表单变量 19
 3.3　连接字符串 19
任务 4　PHP 常量和变量 20
 4.1　PHP 中的常量 20
 4.2　PHP 中的变量 21
 4.3　PHP 数据类型 23
 4.4　数据类型转换 29
任务 5　PHP 运算符 30
 5.1　算术运算符 30
 5.2　赋值运算符 31
 5.3　比较运算符 31
 5.4　三元运算符 32

 5.5　错误抑制运算符 32
 5.6　逻辑运算符 33
 5.7　字符串运算符 34
 5.8　数组运算符 34
 5.9　运算符的优先级 35
任务 6　PHP 表达式 36
 6.1　条件语句 36
 6.2　循环语句 41
 6.3　其他语句 44
任务 7　PHP 函数的应用 45
 7.1　创建 PHP 函数 45
 7.2　使用 PHP 函数 46
 7.3　添加函数参数 46
 7.4　函数的返回值 47
 7.5　函数的嵌套和递归 47
任务 8　MySQL 数据库的操作 49
 8.1　连接数据库 50
 8.2　创建数据库和表 50
 8.3　插入数据 53
 8.4　选取数据 55
 8.5　条件查询 56
 8.6　数据排序 57
 8.7　更新数据 58
 8.8　删除数据 59

模块三　价格查询系统实例的设计 61

任务 1　搭建 PHP 开发环境 62
 1.1　网站开发的步骤 62
 1.2　网站文件夹的设计 62
 1.3　流畅的浏览顺序 64
任务 2　价格查询系统的设计 65
 2.1　网站的整体结构 65
 2.2　创建数据库 66
 2.3　定义 web 站点 71
 2.4　建立数据库连接 74

任务 3　动态服务器的行为 77
　　　　3.1　创建新记录集 77
　　　　3.2　显示记录功能 81
　　　　3.3　重复区域功能 82
　　　　3.4　记录集的分页 86
　　　　3.5　显示记录个数 87
　　　　3.6　显示区域功能 89
　　　　3.7　显示详细信息 91
　　任务 4　编辑记录集 97
　　　　4.1　增加记录的功能 97
　　　　4.2　更新记录功能 102
　　　　4.3　删除记录功能 108

模块四　用户管理系统实例的设计 113

　　任务 1　用户管理系统的规划 114
　　　　1.1　页面规划设计 114
　　　　1.2　搭建系统数据库 114
　　　　1.3　用户管理系统站点 116
　　　　1.4　设置数据库连接 119
　　任务 2　用户登录功能 121
　　　　2.1　设计登录页面 121
　　　　2.2　登录成功和失败 129
　　　　2.3　测试登录功能 132
　　任务 3　用户注册功能 134
　　　　3.1　用户注册页面 134
　　　　3.2　注册成功和失败 140
　　　　3.3　注册功能的测试 141
　　任务 4　修改用户资料 143
　　　　4.1　修改资料的页面 143
　　　　4.2　更新成功页面 147
　　　　4.3　修改资料测试 147
　　任务 5　查询密码功能 149
　　　　5.1　查询密码页面 149
　　　　5.2　完善查询功能 154
　　　　5.3　查询密码功能 157

模块五　留言簿管理系统实例的设计 161

　　任务 1　留言簿管理系统规划 162
　　　　1.1　页面规划设计 162

　　　　1.2　系统页面设计 162
　　任务 2　系统数据库的设计 163
　　　　2.1　数据库设计 163
　　　　2.2　定义系统站点 165
　　　　2.3　数据库连接 169
　　任务 3　留言簿的首页和留言页面 171
　　　　3.1　留言首页 171
　　　　3.2　留言页面 176
　　任务 4　系统的后台管理功能 179
　　　　4.1　管理者登录入口页面 180
　　　　4.2　管理页面 181
　　　　4.3　回复留言页面 187
　　　　4.4　删除留言页面 190
　　任务 5　留言簿系统的测试 192
　　　　5.1　前台留言测试 193
　　　　5.2　后台管理测试 194

**模块六　在线投票管理系统实例的
　　　　设计** 197

　　任务 1　执行投票管理系统规划 198
　　　　1.1　页面规划设计 198
　　　　1.2　系统页面设计 198
　　任务 2　系统数据库的设计 199
　　　　2.1　数据库的设计 200
　　　　2.2　创建投票管理系统的站点 202
　　　　2.3　数据库连接 205
　　任务 3　在线投票管理系统的开发 207
　　　　3.1　开始投票页面的功能 207
　　　　3.2　设计计算投票页面的功能 212
　　　　3.3　显示投票结果的页面 213
　　　　3.4　防止页面刷新功能 218
　　任务 4　在线投票管理系统的测试 220

模块七　新闻管理系统实例的设计 223

　　任务 1　新闻管理系统的规划 224
　　　　1.1　系统的页面设计 224
　　　　1.2　系统的美工设计 225
　　任务 2　系统数据库的设计 226
　　　　2.1　新闻数据库设计 226

  2.2 创建系统站点......................229
  2.3 数据库的连接......................232
任务 3 新闻系统页面......................234
  3.1 新闻系统主页面的设计............234
  3.2 新闻分类页面的设计..............244
  3.3 新闻内容页面的设计..............249
任务 4 后台管理页面......................252
  4.1 后台管理登录......................252
  4.2 后台管理主页面..................255

  4.3 新增新闻页面......................264
  4.4 修改新闻的页面..................267
  4.5 删除新闻页面......................271
  4.6 新闻新增分类页面..............273
  4.7 修改新闻分类页面..............275
  4.8 删除新闻分类页面..............276

参考文献..278

模块一

PHP 网站开发环境的配置

PHP 是一种多用途脚本语言，适合于 Web 应用程序的开发。使用 PHP 强大的扩展性，可以在服务器端连接 Java 应用程序，还可以与.NET 建立有效的沟通甚至进行更广阔的扩展，从而可以建立一个强大的环境，以充分利用现有的和其他技术开发的资源。

开源和跨平台的特性，使得 PHP 架构能够快速、高效地开发出可移植的、跨平台的、具有强大功能的企业级 Web 应用程序。在使用 PHP 进行网站开发之前，需要在操作系统上搭建一个适合 PHP 开发的操作平台。使用 Windows 自带的 IIS 服务器或者单独安装一个 Apache 服务器，都可以实现 PHP 的解析运行。对于刚入门的新手而言，PHP 的开发环境推荐使用 Apache(服务器) + Dreamweaver(网页开发软件) + MySQL(数据库)组合。

本模块将重点介绍 PHP 网站开发环境的配置。

●本模块的任务重点●

了解 PHP 开发环境

PHP 开发环境的安装和配置

任务 1　了解 PHP 开发环境

1.1　PHP

　　PHP 全称为 Personal Home Page，是一种用于创建动态 Web 页面的服务端脚本语言。如同 ASP 和 ColdFusion，用户可以混合使用 PHP 和 HTML 编写 Web 页面，当访问者浏览到该页面时，服务端会首先对页面中的 PHP 命令进行处理，然后把处理后的结果连同 HTML 内容一起传送到访问端的浏览器。

　　与 ASP 或 ColdFusion 不同的是，PHP 是一种源代码开放的程序，拥有很好的跨平台兼容性。用户可以在 Windows NT 系统以及许多版本的 Unix 系统上运行 PHP，而且可以将 PHP 作为 Apache 服务器的内置模块或者 CGI 程序来运行。

　　除了能够精确地控制 Web 页面的显示内容之外，用户还可以使用 PHP 发送 HTTP 报头。用户可以通过 PHP 设置 Cookies，管理用户身份识别，并对用户浏览页面进行重定向。

　　PHP 具有非常强大的数据库支持功能，能够访问几乎目前所有较为流行的数据库系统。此外，PHP 可以与多个外接库集成，为用户提供更多的实用功能，如生成 PDF 文件等。

　　用户可以直接在 Web 页面中输入 PHP 命令代码，因而不需要任何特殊的开发环境。在 Web 页面中，所有 PHP 代码都被放置在"<?php"和"?>"中。此外，用户还可以选择使用诸如<SCRIPT LANGUAGE="php"></SCRIPT>等的形式。PHP 引擎会自动识别并处理页面中所有位于 PHP 定界符之间的代码。

　　PHP 脚本语言的语法结构与 C 语言和 Perl 语言的语法风格非常相似。用户在使用变量前，不需要对变量进行声明。使用 PHP 创建数组的过程也非常简单。PHP 还具有基本的面向对象组件功能，便于用户有效组织和封装自己编写的代码。

1.2　Apache HTTP Server

　　Apache HTTP Server 简称 Apache，是 Apache 软件基金会的一个开放源码的网页服务器，可以在大多数计算机操作系统中运行，由于其跨平台和安全性而被广泛使用，因而成为最流行的 Web 服务器端软件之一。Apache HTTP Server 是世界上使用量排名第一的 Web 服务器软件。它可以运行在几乎所有广泛使用的计算机平台上。

　　Apache 源于 NCSA httpd 服务器，经过多次修改，成为世界上最流行的 Web 服务器软件之一。Apache 取自"A Patchy Server"的读音，意思是充满补丁的服务器，因为它是自由软件，所以不断有人来为它开发新的功能、新的特性，修改原来的缺陷。Apache 的特点是简单、速度快、性能稳定，并可作为代理服务器使用。

Apache 本来只用于小型或试验 Internet 网络，后来逐步扩充到各种 Unix 系统中，对 Linux 的支持更是相当完美。Apache 有多种产品，可以支持 SSL 技术，支持多个虚拟主机。Apache 是以进程为基础的结构，进程要比线程消耗更多的系统开销，不太适合于多处理器环境，因此，在一个 Apache Web 站点扩容时，通常是增加服务器或扩充群集节点，而不是增加处理器。到目前为止，Apache 仍然是世界上用得最多的 Web 服务器，市场占有率达 60%左右。世界上很多著名的网站，如 Amazon、Yahoo!、W3 Consortium、Financial Times 等，都是 Apache 的产物，它的成功之处主要在于它的源代码开放、有一支开放的开发队伍、支持跨平台的应用(可以运行在几乎所有的 Unix、Windows、Linux 系统平台上)以及它的可移植性等方面。

Apache 的诞生极富有戏剧性。当 NCSA WWW 服务器项目停顿后，那些使用 NCSA WWW 服务器的人们开始交换他们用于该服务器的补丁程序，他们也很快认识到成立管理这些补丁程序的论坛是必要的。就这样，诞生了 Apache Group，后来，这个团体在 NCSA 的基础上创建了 Apache。

Apache Web 服务器软件拥有以下特性：
- 支持最新的 HTTP 1.1 通信协议。
- 拥有简单而强有力的基于文件的配置过程。
- 支持通用网关接口。
- 支持基于 IP 和基于域名的虚拟主机。
- 支持多种方式的 HTTP 认证。
- 集成 Perl 处理模块。
- 集成代理服务器模块。
- 支持实时监视服务器状态和定制服务器日志。
- 支持服务器端包含指令(SSI)。
- 支持安全 Socket 层(SSL)。
- 提供用户会话过程的跟踪。
- 支持 FastCGI。

1.3 MySQL关系型数据库管理系统

MySQL 由瑞典 MySQL AB 公司开发，目前属于 Oracle 公司。MySQL 是目前最流行的关系型数据库管理系统，在 Web 应用方面，MySQL 是最好的关系数据库管理系统应用软件之一。MySQL 是一种关联数据库管理系统，关联数据库将数据保存在不同的表中，而不是将所有数据放在一个大仓库内，这样就提高了速度，并增加了灵活性。

MySQL 所使用的 SQL 语言，是用于访问数据库的最常用的标准化语言。MySQL 软件

采用了双授权政策，分为社区版和商业版。由于其体积小、速度快、总体拥有成本低，尤其是开放源码这一特点，使得一般中小型网站的开发都愿意选择 MySQL 作为网站数据库。其中，社区版的性能卓越，搭配 PHP 和 Apache 可组成良好的开发环境。

MySQL 系统的特性如下：

- 使用 C 和 C++编写，并使用了多种编译器进行测试，保障了源代码的可移植性。
- 支持 AIX、FreeBSD、HP-UX、Linux、Mac OS、NovellNetware、OpenBSD、OS/2 Wrap、Solaris、Windows 等多种操作系统。
- 为多种编程语言提供了 API。这些编程语言包括 C、C++、Python、Java、Perl、PHP、Eiffel、Ruby 和 Tcl 等。
- 支持多线程，可充分利用 CPU 资源。
- 拥有优化的 SQL 查询算法，可有效地提高查询速度。
- 既能够作为一个单独的应用程序应用在客户端服务器网络环境中，也能够作为一个库而嵌入到其他的软件中。
- 提供多语言支持，常见的编码如中文的 GB2312、BIG5、日文的 Shift_JIS 等，都可以用作数据表名和数据列名。
- 提供 TCP/IP、ODBC 和 JDBC 等多种数据库连接途径。
- 提供用于管理、检查、优化数据库操作的管理工具。
- 支持大型的数据库。可以处理拥有上千万条记录的大型数据库。
- 支持多种存储引擎。
- 是开源的，所以不需要支付额外的费用。
- 使用标准的 SQL 数据语言形式。
- 对 PHP 有很好的支持，PHP 是目前最流行的 Web 开发语言。
- 可以定制，采用了 GPL 协议，可以修改源码来开发自己的 MySQL 系统。

任务2 PHP 开发环境的安装和配置

PHPnow 是 Win32 下绿色免费的 Apache + PHP + MySQL 环境套件包。安装简易，可快速搭建支持虚拟主机的 PHP 环境。附带 PnCp.cmd 控制面板，可帮助我们快速地配置自己的套件，使用非常方便，特别适合普通用户使用 PHP 学习动态网页的设计。

PHPnow 是绿色的，解压后执行 Setup.cmd 初始化，即可得到一个 Apache + PHP + MySQL 环境，然后就可以直接安装 Discuz!、PHPWind、DeDe、WordPress 等程序。

PHPnow 提供安全快速的 PHP 开发解决方案，PHPnow 框架采用国际公认的 MVC 思想，采用 OOP 方式开发，易扩展、稳定，具有超级强大的负载能力，能做企业级的安全部署，适合重点发展现代安全快速的互联网应用程序开发。

以下为 PHPnow 1.5.6 版本环境的搭建过程。

step 01 把从 http://www.phpnow.org/download.html 下载的 PHPnow-1.5.6.zip 解压到你想要的盘中，这里是解压到了 C:\Apache，如图 1-1 所示。

图 1-1　PHPnow 的解压结果

step 02 解压后执行 Setup.cmd，根据提示进行操作，程序将会调用 Init.cmd 初始化。

说明：成功初始化后，Init.cmd 会自动改名为 Init.cm_。如有必要，可将其改名为 Init.cmd 重新初始化。重新初始化不会丢失网站数据，仅仅是对配置进行复位。

执行 Setup.cmd，出现如图 1-2 所示的窗口，分别执行<推荐>选项并按 Enter 键，开始进行解压。

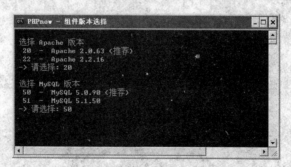

图 1-2　组件版本的选择

step 03 解压完成后，接下来询问是否初始化，输入"y"后按 Enter 键，开始执行初始化命令 Init.cmd，如图 1-3 所示。

图 1-3 组件的初始化

step 04 成功初始 Init.cmd 后,如图 1-4 所示,开始为 MySQL 的 root 用户设置密码。

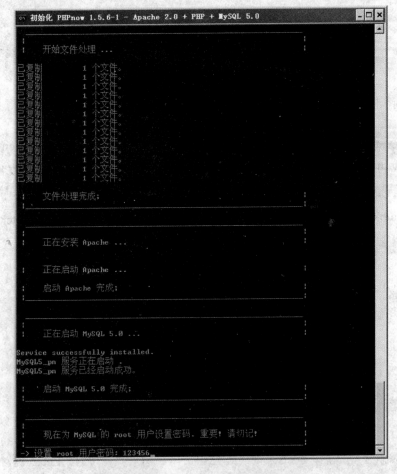

图 1-4 设置 MySQL 管理用户 root 的密码

step 05 输入 MySQL 的密码(这里输入的是"123456"),执行完这一步后,文件夹的文件变为如图 1-5 所示的模样。

图 1-5 组件安装完成后的结果

step 06 如果要卸载上面的 PHPnow,可执行文件夹中 PnCmds 文件夹里的 Stop.cmd 文件,如图 1-6 所示。

图 1-6 PHPnow 的命令文件夹

然后再把先前解压的文件夹删掉就行了。

step 07 在 05 步密码设置完成后,系统会自动地在浏览器中打开如图 1-7 所示的页面,然后在"MySQL 用户密码"右边的文本框中,输入先前设置的 MySQL 用户 root 的密码"123456"即可。

图1-7 index.php 网页的效果

到这里，PHP 的环境就搭建完成了。

把自己的 PHP 网站放到 PHPnow-1.5.6/htdocs 文件夹中，就可在 IE 网址栏上输入"http://127.0.0.1/index.php"进行访问了(这里是访问网站根目录上的 index.php 网页，根据经验，建议读者在建站调试过程中，保存文档时不要使用 index.php 这个文件名)。

知识拓展

Cookie 有时也用其复数形式 Cookies，指某些网站为了辨别用户身份、进行 Session 跟踪而储存在用户本地终端上的数据(通常经过加密)。RFC2109 和 RFC2965 的定义都已废弃，最新取代的规范是 RFC6265。Cookie 由服务器端生成，发送给 User-Agent(一般是浏览器)，浏览器会将 Cookie 的 key/value 保存到某个目录下的文本文件内，下次请求同一网站时，就发送该 Cookie 给服务器(前提是浏览器设置为启用 Cookie)。

FastCGI 是语言无关的、可伸缩架构的 CGI 开放扩展，其主要行为是将 CGI 解释器进程保持在内存中，并因此获得较高的性能。

Socket 又称"套接字"，应用程序通常通过"套接字"向网络发出请求或者应答网络请求。

关系数据库管理系统　RDBMS(Relational Database Management System)包括相互联系的数据集合(数据库)和存取这些数据的一套程序(数据库管理系统软件)。关系数据库管理系统就是管理关系数据库，并将数据组织为相关的行和列的系统。MySQL、SQL Server 都是一种关系数据库管理系统(RDBMS)。

数据库管理系统的专门运算包括选择运算、投影运算和连接运算。

多线程　在一个程序中，这些独立运行的程序片段叫作"线程"(Thread)，利用它编程的概念就叫作"多线程处理(Multithreading)"。具有多线程能力的计算机因有硬件支持而能够在同一时间执行多个线程，进而可以提升整体处理性能。

MVC　全名是 Model-View-Controller，是模型(Model)-视图(View)-控制器(Controller)的缩写，作为一种软件设计典范，用一种业务逻辑、数据、界面显示分离的方法来组织代码，将业务逻辑聚集到一个部件里面，在改进和个性化定制界面及用户交互的同时，不需要重新编写业务逻辑。

面向对象编程OOP　(Object Oriented Programming，面向对象程序设计)是一种计算机编程架构。OOP 的一条基本原则是，计算机程序是由单个能够起到子程序作用的单元或对象组合而成的。

模块二
PHP 的基本语法

　　PHP 是一种创建动态交互性站点的强有力的服务器端脚本语言。既然是脚本语言，那么，在使用之前，我们就要学习 PHP 的基本语法，只有掌握了基本语法，才可以方便地进行动态网站的开发。

　　PHP 语法非常类似于 Perl 和 C 的语法，有相关经验的读者可以非常轻松地掌握。

　　本章就介绍一些 PHP 的基本语法，包括变量、常量、运算符、控制语句以及数组等，通过学习这些基础知识，使读者能更深入地了解 PHP，并能在后面的章节中轻松地开发出动态网页。

● 本模块的任务重点 ●

- PHP 基础程序的结构
- PHP 表单变量的使用
- PHP 程序中常量、变量、表达式以及函数的基础
- 掌握 MySQL 数据库的操作

任务 1 PHP 程序的基本结构

在编写动态网页程序时,可以将 HTML 标记与动态语言的代码混合到一个文件中,通过使用一些特殊的标识,将两者区别开来,例如,ASP 使用的是<% %>。PHP 也是如此,可以与 HTML 标记共存,PHP 提供了多种方式来与 HTML 标记区分,可以根据自己的习惯选择一种方式,也可以同时使用几种方式。这里将介绍一下 PHP 的基础程序结构,包括输出和注释的方法。

1.1 程序的基本结构

PHP 程序的结构与 Perl 以及 C 一样,结构比较严谨,需要在每条语句后使用分号";"来作为结束。此外,语句中的大小写是敏感的。

在 HTML 文件中嵌入 PHP 脚本的常用方式有以下 3 种。

(1) PHP 标准结构(推荐):

```
<?php
    echo "这是第一个PHP程序!";
?>
```

(2) PHP 的简短风格(需要设置 php.ini):

```
<? echo "这是第一个PHP程序!"; ?>
```

(3) PHP 的脚本风格(冗长的结构):

```
<script language="php"> echo "这是第一个PHP程序!" ; </script>
```

在 C:\Apache\htdocs\中建立一个 php 文件夹,用来保存本节的实例,保存为 pg001;刚开始创建文档时都用记事本进行编写,保存为".php"文件即可。运行结果如图 2-1 所示。

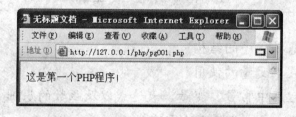

图 2-1 输出的第一个 PHP 程序

实际开发时,最常用第一种方法和第二种方法,即,使用小于号加上问号"<?",或者使用"<?php",之后跟 PHP 代码,在程序代码的最后,使用问号和大于号"?>"作为结束。第三种方法有点类似于 JavaScript 的编写方式。

1.2 打印输出结果

PHP 输出可以用 echo()命令，echo()是一个语言结构，不一定要使用小括号来指明参数，单引号、双引号都可以。echo()不像其他语言结构表现得像一个函数，所以不能总是使用一个函数的上下文。另外，如果想给 echo()传递多个参数，就不能使用小括号。

> 💡 **注意：** 也可以使用 print()命令，但 echo()比 print()运行速度快一些。

举例使用 PHP 输出语句，包括 HTML 格式化标签：

```
<?php
    echo "<p>这是我输出打印的第一个文档。<P>";
?>
```

输出的结果如图 2-2 所示。

图 2-2 用 echo 输出字符串

1.3 程序的注释

在 PHP 程序的编写过程中，可以使用如下所示 3 种风格的注释方式：

```
/*第 1 种 PHP 注释适合用于多行*/
//第 2 种 PHP 注释适用于单行
#第 3 种 PHP 注释适用于单行
```

注释与 C、C++、Shell 的注释风格一样，以"/*"为开始，"*/"为结束，如下所示：

```
<?php
    /*
        注释：这是程序的注释
        该程序主要用于文字的说明……
    */
?>
```

单行注释(有//和#这两种)：

```
<?php
    echo "单行";      //输出"单行"文字
    echo "说明";      #输出"说明"文字
?>
```

注意： 注释符号只有在<?php ... ?>里才会获得应有的效果，如图 2-3 所示。

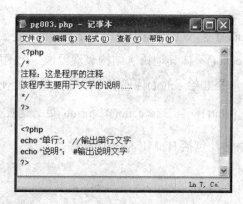

图 2-3　带有注释的程序

任务 2　动态输出字符

在实际的网页设计过程中，单单使用 echo()函数命令并不能满足需求，例如，要输出随机数，控制字符串的大小写，以及一些特殊的字符处理等常用操作，都可以通过调用相应的函数命令加以实现。

2.1　随机函数的调用

如果要实现相应的字符控制，就需要调用相应的函数命令，在 PHP 编程中，调用相应的函数还是比较简单的，如使用 rand()函数产生一个随机数(范围是 0~10)：

```php
<?php
    echo rand(0, 10);
?>
```

刷新页面，便可以看到输出结果的变化，rand()函数中的 0 和 10 为指定给 rand 函数的参数。前面的 0 意味着最小可能出现的数值为 0，后面的 10 意味着最大可能出现的数值为 10，很多函数都有必选或者可选的参数。如图 2-4 所示，随机输出的数为 6。

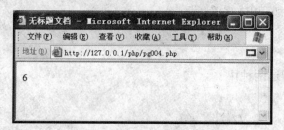

图 2-4　随机函数的输出

2.2 对字符串首尾空格的控制

使用 trim()函数可以返回去除字符串 string 首尾空白字符后的字符串。语法如下：

```
String trim(string str);
```

返回值：字符串。

函数种类：数据处理。

在使用来自 HTML 表单的信息之前，一般都会对这些数据做一些整理，举例如下：

```
<?php
    //清理字符串中开始和结束位置的多余空格
    $name = "    12345678    ";
    $name = trim($name);
    echo $name;
?>
```

运行的结果可以将前后的空白去除，如图 2-5 所示。

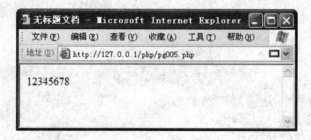

图 2-5　去除前后空白的输出效果

2.3 字符串的格式化输出

nl2br()函数可以将字符串中的换行转换成 HTML 换行的
指令。语法如下：

```
String nl2br(string string);
```

返回值：字符串。

函数种类：数据处理。

举例如下：

```
<?php
$str = " 今天是周一，心情也很好。
决定去学校游泳场，好好的游个泳。";
echo $str;
echo "<br />";
echo nl2br($str);
?>
```

输出的结果如图 2-6 所示。

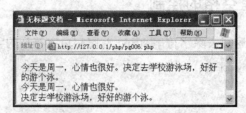

图 2-6　格式化输出字符的结果

2.4　格式化输出

PHP 除了支持 echo 功能而外，也可以使用 printf()，来实现更复杂的格式化输出。

语法如下：

```
int printf(string format, mixed [args]...);
```

返回值：整数。

函数种类：数据处理。

举例如下：

```
<?php
    $num = 3.6;
    // 将$num 里的数值以字符串的形式输出
    printf("数值为:%s", $num);
    echo "<br />";
    // 转换成为带有 2 位小数的浮点数
    printf("数值为:%.2f", $num);
    echo "<br />";
    // 解释为整数并作为二进制数输出
    printf("数值为:%b", $num);
    echo "<br />";
    // 打印%符号
    printf("数值为:%%%s", $num);
?>
```

输出的结果如图 2-7 所示。

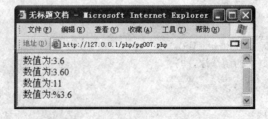

图 2-7　格式化输出的效果

2.5 字母的大小写转换

字母的大小写转换在 PHP 网页中经常使用到，涉及的常用函数如下。

- strtoupper()：将字符串转换成大写字母。
- ucwords()：将每个单词的第一个字母变成大写。
- ucfirst()：将字符串的第一个字母转成大写。
- strtolower()：将字符串转换成小写字母。

举例如下：

```
<?php
    $str = "I like php!";
    //将字符串转换成大写字母
    echo strtoupper($str)."<br />";
    //将字符串转换成小写字母
    echo strtolower($str)."<br />";
    //将字符串的第一个字母转换成大写
    echo ucfirst($str)."<br />";
    //将每个单词的第一个字母转换成大写
    echo ucwords($str)."<br />";
?>
```

输出的结果如图 2-8 所示。

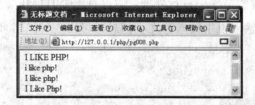

图 2-8 字母转换大小写

2.6 特殊字符的处理

有些字符对于 MySQL 是有特殊意义的，比如引号、反斜杠和 NULL 字符。可以使用 addslashes()函数和 stripslashes()函数正确处理这些字符，例如：

```
<?php
    $str = "\" ' \NULL";
    echo $str."<br />";
    echo addslashes($str)."<br />";
    echo stripslashes($str)."<br />";
?>
```

运行结果如图 2-9 所示。

图 2-9 处理特殊的字符串

任务 3　表单变量的应用

在 HTML 中，表单拥有一个特殊功能：支持交互操作。

除了表单之外，几乎所有的 HTML 元素都与设计以及展示有关，只要愿意，就可将内容抄送给用户；另一方面，表单为用户提供了将信息传送回 Web 站点创建者和管理者的可能性。如果没有表单，Web 就是一个静态的网页。对于 PHP 动态网页开发来说，使用表单变量是经常遇到的，通常主要有 POST 和 GET 两种方法，这与其他动态语言开发的命令是一样的，这里将介绍表单变量的使用方法。

3.1　POST 表单变量

POST 用于设置处理表单数据的类型，POST 是系统的默认值，表示将数据表单的数据提交到"动作"属性设置的文件中进行处理。假设有一个 HTML 表单用 method="post" 的方式传递本页 name="test" 输入框中输入的文字信息，可用 3 种风格来显示这个表单变量：

```
<form action=" " method="post">
<input type="text" name="test" />
<input type="submit" name="变量" value="提交" />
<?php
    echo $test;  //简短格式，需要配置 php.ini 中的默认值
    echo $_POST["test"]; //中等格式，推荐使用这种方式
    echo $HTTP_POST_VARS["test"];  //冗长格式
?>
</form>
```

运行结果如图 2-10 所示。

图 2-10　POST 测试的效果

3.2 GET 表单变量

GET 表示追加表单的值到 URL 并且发送服务器请求，对于数据量比较大的长表单，最好不要用这种数据处理方式。

假设有一个 HTML 表单用 method="get"的方式传递本页一个 name="test"输入框中输入的文字信息，可用 3 种风格来显示这个表单变量：

```
<form action=" " method="get">
<input type="text" name="test" />
<input type="submit" name="变量" value="提交" />
<?php
   echo $test;       //简短格式，需要配置 php.ini 中的默认值
   echo $_GET["test"];    //中等格式，推荐使用这种方式
   echo $HTTP_GET_VARS["test"];    //冗长格式
?>
</form>
```

运行结果如图 2-11 所示。

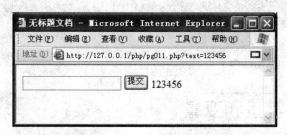

图 2-11　GET 测试效果

GET 和 POST 的主要区别如下：

- 数据传递的方式以及大小。
- GET 会将传递的数据显示在 URL 地址上，POST 则不会。
- GET 传递数据有限制，一般大量数据都得使用 POST 方法。

3.3 连接字符串

在 PHP 程序里，对多个字符串进行连接时，要用到一个点号"."，如下所示：

```
<?php
   $website = "www.tjlj";
   echo $website . ".tj.com";
?>
```

上面的输出结果就是"www.tjlj.tj.com"，如图 2-12 所示。

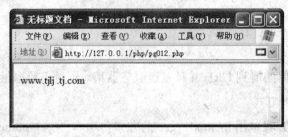

图 2-12 连接字符串输出的结果

有一种情况，当 echo 后面使用的是双引号时，可以这样来取得与上面同样的效果：

```
<?php
    $website = "www.tjlj";
    echo "$website..tj.com";
    //双引号里的变量还是可以显示出来，并与一般的字符串自动区分开来
?>
```

但如果是单引号的话，就会将里面的内容完全以字符串形式输出给浏览器：

```
<?php
    $website = "www.tjlj";
    echo '$website..tj.com';
?>
```

将显示"$website..tj.com"。

任务 4 PHP 常量和变量

常量和变量是编程语言的最基本构成，代表了运算中所需的各种值。通过变量和常量，程序才能对各种数值进行访问和运算。

学习变量和常量是编程的基础。常量和变量的功能就是用来存储数据的，但区别在于，常量一旦初始化就不再发生变化，可以理解为符号化的常数。

4.1 PHP 中的常量

常量是指在程序执行过程中无法修改的值。在程序中处理不需要修改的值时，常量非常有用，例如定义圆周率 PI。常量一旦定义，在程序的任何地方都不可以修改，但可以在程序的任何地方访问。

在 PHP 中，使用 define()函数来定义常量，函数的第 1 个参数表示常量名，第 2 个参数表示常量的值。

例如，下面定义一个名为 HOST 的常量：

```
<?php
```

```
define("HOST", "www.tjlj.tj.cn");
echo HOST;
?>
```

运行结果如图 2-13 所示。

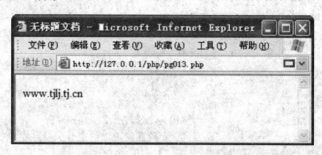

图 2-13　定义常量后的输出结果

> **注意**：常量默认区分大小写，按照惯例，常量标识符总是大写。常量名和其他任何 PHP 标记遵循相同的命名规则。合法的常量名以字母或下划线开始，后面跟任何字母、数字或下划线。

PHP 的系统常量包括 5 个魔术常量和大量的预定义常量。

魔术常量会根据它们使用的位置而改变，PHP 提供的 5 个魔术常量分别如下。

- _LINE_：表示文件中的当前行号。
- _FILE_：表示文件的完整的路径和文件名。如果用在包含文件中，则返回包含文件名。自 PHP 4.0.2 起，_FILE_总是包含一个绝对路径(如果是符号连接，则是解析后的绝对路径)，而在此之前的版本有时会包含一个相对路径。
- _FUNCTION_：表示函数名称(PHP 4.3.0 新加)。自 PHP 5 起，本常量返回该函数被定义时的名字(区分大小写)。在 PHP 4 中，该值总是小写字母的。
- _CLASS_：表示类的名称(PHP 4.3.0 新加)。自 PHP 5 起，本常量返回该函数被定义时的名字(区分大小写)。在 PHP 4 中，该值总是小写字母的。
- _METHOD_：表示类的方法名(PHP 5.0.0 新加)。返回该方法被定义时的名字(区分大小写)。

预定义常量又分为内核预定义常量和标准预定义常量两种，内核预定义常量在 PHP 的内核、Zend 引擎和 SAPI 模块中定义，而标准预定义常量是 PHP 默认定义的。比如常用的 E_ERROR、E_NOTICE、E_ALL 等。

4.2　PHP 中的变量

在 PHP 中，创建一个变量时，首先需要定义变量的名称。变量名区分大小写，总是以$符号开头，然后是变量名。如果在声明变量时，忘记变量前面的$符号，那么该变量将无效。

在 PHP 中设置变量的正确方法如下：

```
$var_name = value;
```

在 PHP 中，可以使用值赋值和引用赋值两种方法为变量赋值。

值赋值是直接把一个数值通过赋值表达式传递给变量。值赋值是一种常用的变量赋值的方法，其使用格式举例说明如下：

```
<?php
$name = "baidu";                    //有效变量
$Name = "website";                  //有效变量
echo "$name, $Name";                //输出为"baidu, website"
$1website = "www.baidu.com";        //无效变量，以数字开头
$_1website = "www.baidu.com";       //有效变量
?>
```

从上述代码中可以看到，在 PHP 中，不需要在设置变量之前声明该变量的类型，而是根据变量被设置的方式，PHP 会自动把变量转换为正确的数据类型。

在 PHP 中，变量的命名规则有如下几点：

- 变量名必须以字母或下划线开头。
- 变量名只能包含字母、数字、字符以及下划线。
- 变量名不能包含空格。如果变量名由多个单词组成，那么应该使用下划线分隔(例如$my_string)，或者以大写字母分隔(例如$myString)。

在 PHP 中，还支持另一种赋值方式，称为变量的引用赋值，例如：

```
<?php
    $wo = 'baidu';              //为变量$wo 赋值
    $ba = &$wo;                 //变量$ba 引用了变量$wo 的值
    $ba = "Web site is $ba";    //修改变量$ba 的值
    echo $wo;                   //结果为"Web site is $ba"
    echo $ba;                   //结果为"Web site is $ba"
?>
```

从这里可以看出，对一个变量值的修改将会导致另一个变量值的修改。从本质上讲，变量的引用赋值导致两个变量的值指向同一个内存地址。因此，不论对哪一个变量进行修改，修改的都是同一个内存地址中的数据，从而出现同时被修改的结果。

PHP 提供了大量的预定义变量，这些变量在任何范围内都会自动生效，因此，通常也被称为自动全局变量(Auto Globals)或者超全局变量(Super Globals，PHP 中没有用户自定义超全局变量的机制)。在 PHP 4.1.0 之前，如使用超全局变量，人们要么依赖 register_globals，要么就是长长的预定义 PHP 数组($HTTP_*_VARS)。自 PHP 4.1.0 起，长格式的 PHP 预定义变量可以通过设置 register_long_arrays 来屏蔽。

常用的超全局变量如下。

- **$GLOBALS**：包含一个引用，指向每个当前脚本的全局范围内有效的变量。该数组的键名为全局变量的名称。从 PHP 3 开始就存在$GLOBALS 数组。
- **$SERVER**：变量由 Web 服务器设定，或者直接与当前脚本的执行环境关联。类似于旧数组$HTTP_SERVER_VARS(依然有效，但反对使用)。
- **$_GET**：经由 URL 请求提交至脚本的变量。类似于旧数组$HTTP_GET_VARS(依然有效，但反对使用)。
- **$_POST**：经由 HTTP POST 方法提交至脚本的变量。类似于旧数组$HTTP_POST_VARS(依然有效，但反对使用)。
- **$_COOKIE**：经由 HTTP Cookies 方法提交至脚本的变量。类似于旧数组$HTTP_COOKIE_VARS(依然有效，但反对使用)。
- **$_FILES**：经由 HTTP POST 文件上传而提交至脚本的变量。类似于旧数组$HTTP_POST_FILES(依然有效，但反对使用)。
- **$_ENV**：执行环境提交至脚本的变量。类似于旧数组$HTTP_ENV_VARS(依然有效，但反对使用)。
- **$_REQUEST**：经由 GET、POST 和 Cookie 机制提交至脚本的变量，因此该数组并不值得信任。所有包含在该数组中的变量存在与否以及变量的顺序均按照 php.ini 中的 variables_order 配置指示来定义。此数组在 PHP 4.1.0 之前没有直接对应的版本。
- **$_SESSION**：当前注册给脚本会话的变量。类似于旧数组 $HTTP_SESSION_VARS(依然有效，但反对使用)。

4.3　PHP 数据类型

数据是程序运行的基础，所有的程序都是在处理各种数据。例如，财务统计系统所要处理的员工工资额，论坛程序所要处理的用户名、密码、用户发帖数等，所有这些都是数据。在编程语言中，为了方便对数据的处理以及节省有限的内存资源，需要对数据进行分类。PHP 支持下列 7 种原始类型。

- boolean：布尔型 true/false。
- integer：整数类型。
- float：浮点类型。
- string：字符串类型。
- array：数组。

- object:对象。
- 特殊类型:resource 资源和 NULL。

下面介绍常用的数据类型。

1. 布尔型 boolean

布尔型是最简单的类型,它表达了真值,可以为 True 或 False。要指定一个布尔值,使用关键字 True 或 False,并且 True 或 False 不区分大小写。

例如:

```
$pay = true;   // 给变量$pay赋值为true
```

某些运算通常返回布尔值,并将其传递给控制流程。比如用比较运算符(==)来比较两个运算数,如果相等,则返回 True,否则返回 False。代码如下:

```
if ($A == $B) {
    echo "$A 与$B 相等";
}
```

对于如下代码:

```
if ($pay == TRUE) {
    echo "已付";
}
```

可以使用下面的代码代替:

```
if ($pay) {
    echo "已付";
}
```

转换成布尔型用 bool 或 boolean 来强制转换,但是,很多情况下不需要用强制转换,因为当运算符、函数或者流程控制需要一个布尔参数时,该值会被自动转换。

当转换为布尔型时,以下值被认为是 False:

- 布尔值 False。
- 整型值 0(零)。
- 浮点型值 0.0(零)。
- 空白字符串和字符串"0"。
- 没有成员变量的数组。
- 没有单元的对象(仅适用于 PHP 4)。
- 特殊类型 NULL(包括尚未设定的变量)。

所有其他值都被认为是 True(包括任何资源)。

2. 整型 integer

一个整数是集合 Z={..., -2, -1, 0, 1, 2, ...}中的一个数。整型值可以用十进制、十六进制或八进制表示，前面可以加上可选的符号(-或+)。如果用八进制，数值前必须加上 0(零)，用十六进制数时前面必须加上 0x。PHP 不支持无符号整数。整数的字长与平台有关，通常最大值大约是二十亿(32 位有符号数)。如果给定的一个数超出了整数的范围，将会被解释为浮点型，同样，执行的运算结果超出了整数的范围时，也会返回浮点型。

要将一个值转换为整型，可用 int 或 integer 强制转换。不过大多数情况下都不需要强制转换，因为当运算符、函数或流程控制需要一个整型参数时，值会自动转换。还可以通过函数 intval()来将一个值转换成整型。

从布尔型转换成整型，False 将产生出 0，True 将产生出 1。当从浮点型转换成整型时，数字将被取整(丢弃小数位)。如果浮点数超出了整数范围，则结果不确定，因为没有足够的精度使浮点数给出一个确切的整数结果。

3. 浮点型 float

浮点数也叫双精度数或实数，可以用以下任何语法来定义：

```php
<?php
    $a = 1.234;
    $b = 1.2e3;
    $c = 7E-10;
?>
```

浮点数的字长与平台有关，通常，最大值是 1.8e+308 并具有 14 位十进制数的精度。

4. 字符串 string

字符串是由引号括起来的一些字符，常用来表示文件名、显示信息、输入提示符等。字符串是一系列字符，字符串的大小没有限制。字符串可以用单引号、双引号或定界符三种方法定义，下面分别介绍这三种方法。

(1) 单引号

指定一个简单字符串的最简单的方法是用单引号括起来。

例如：

```php
<?php
    echo 'Hello Word';     // 输出为: Hello Word
?>
```

如果字符串中有单引号，要表示这样一个单引号，与很多其他语言一样，需要用反斜线(\)转义。例如：

```php
<?php
    echo 'I\'m Tom';          // 输出为：I'm Tom
?>
```

如果在单引号之前或字符串结尾需要出现一个反斜线(\)，需要用两个反斜线(\\)表示。例如：

```php
<?php
    echo 'Path is c:\windows\system\\';
    // 输出为：Path is c:\windows\system\
?>
```

对于单引号括起来的字符串，PHP 只懂得单引号和反斜线的转义序列。如果试图转义任何其他字符，反斜线本身也会被显示出来。另外，不同于双引号和定界符的很重要的一点就是，单引号字符串中出现的变量不会被解析。

(2) 双引号

如果用双引号括起字符串，PHP 懂得更多特殊字符的转义序列(见表 2-1)。

表 2-1 转义字符

序 列	含 义
\n	换行
\r	回车
\t	水平制表符
\\	反斜杠字符
\$	美元符号
\"	双引号
\0nnn	此正则表达式序列匹配一个用八进制表示的字符
\xnn	此正则表达式序列匹配一个用十六进制表示的字符

如果试图转义任何其他字符，反斜线本身同样也会被显示出来。双引号字符串最重要的一点是能够解析其中的变量。

(3) 定界符

另一种给字符串定界的方法就是使用定界符语法(<<<)。应该在<<<之后提供一个标识符，接着是字符串，然后是同样的标识符结束字符串。例如：

```php
<?php
    // 输出为：Hello World
    echo <<<abc
Hello World
abc;
?>
```

在此段代码中，标识符命名为 abc。结束标识符必须从行的第一列开始。标识符所遵循的命名规则是：只能包含字母、数字和下划线，而且必须以下划线或数字字符开始。

定界符文本表现得就与双引号字符串一样，只是没有双引号。这意味着在定界符文本中不需要转义引号，不过，仍然可以用以上列出的转义代码，变量也会被解析。在以上的三种定义字符串的方法中，若使用双引号或者定界符定义字符串，其中的变量会被解析。

5. 数组 array

PHP 中的数组实际上是一个有序图，图是一种把 value 映射到 key 的类型。新建一个数组，使用 array()语言结构，它接受一定数量用逗号分隔的 key=>value 参数对。

语法如下：

```
array ([key =>] value, ...)
```

其中，键 key 可以是整型或者字符串，值 value 可以是任何类型，如果值又是一个数组，则可以形成多维数组的数据结构。例如：

```php
<?php
    $edName = array(0=>"id", 1=>"username", 2=>"password");
    echo "列名是$edName[0],$edName[1],$edName[2]";
?>
```

此段代码的输出为：列名是 id,username,password。

如果省略了键 key，会自动产生从 0 开始的整数索引。上面的代码可以改写为：

```php
<?php
    $edName = array("id", "username", "password");
    echo "列名是$edName[0],$edName[1],$edName[2]";
?>
```

此段代码的输出仍为：列名是 id,username,password。

如果 key 是整数，则下一个产生的 key 将是目前最大的整数索引加 1。如果指定的键已经有了值，则新值会覆盖旧值。再次改写上面的代码：

```php
<?php
    $edName = array(1=>"id", "username", "password");
    echo "列名是$edName[1],$edName[2],$edName[3]";
?>
```

此段代码的输出仍为：列名是 id,username,password。

定义数组的另一种方法是使用方括号的语法，通过在方括号内指定键为数组赋值来实现。也可以省略键，在这种情况下，给变量名加上一对空的方括号[]。语法如下：

```
$arrayName[key] = value;
$arrayName[] = value;
```

其中，键 key 可以是整型或者字符串，值 value 可以是任何类型。例如：

```php
<?php
    $edName[0] = "id";
    $edName[1] = "username";
    $edName[2] = "password";
    echo "列名是$edName[0],$edName[1],$edName[2]";
?>
```

此段代码的输出仍为：列名是 id,username,password。

如果给出方括号但没有指定键，则取当前最大整数索引值，新的键将是该值加 1。如果当前还没有整数索引，则键值为 0。如果指定的键已经有值了，该值将被覆盖。

对于任何的类型——布尔、整型、浮点、字符串和资源，如果将一个值转换为数组，将得到一个仅有一个元素的数组(其下标为 0)，该元素即为此标量的值。如果将一个对象转换成数组，所得到的数组的元素为该对象的属性(成员变量)，其键为成员变量名。如果将一个 NULL 值转换成数组，将得到一个空数组。

6. 对象 object

使用 class 定义一个类，然后使用 new 类名(构造函数参数)来初始化类的对象。该数据类型将在后面的实例中具体应用并进行解析。

7. 其他数据类型

除了以上介绍的 6 种数据类型，还有资源和 NULL 两种特殊类型。下面简单介绍一下资源和 NULL 两种特殊类型。

(1) 资源

资源是通过专门的函数来建立和使用的特殊类型，保存了外部资源的引用。可以保存打开文件、数据库连接、图形画布区域等的特殊句柄，无法将其他类型的值转换为资源。资源大部分可以被系统自动回收。

(2) NULL

NULL 类型只有一个值，就是区分大小写的关键字 NULL。特殊的 NULL 值表示变量没有值。

在下列情况下，一个变量被认为是 NULL：

- 被赋值为 NULL。
- 尚未被赋值。
- 被 unset()(释放给定的变量)。

例如：

```php
<?php
```

```
$php = "";
if(isset($a))
    echo "[1] is NULL <br>";
$php = 0;
if(isset($a))
    echo "[2] is NULL<br>";
$php = NULL;
if(isset($a))
    echo "[3] is NULL<br>";
$php = FALSE;
if(isset($a))
    echo "[4] is NULL<br>";
?>
```

读者考虑一下，结果是什么？

4.4 数据类型转换

在 PHP 中，若要进行数据类型的转换，就要在转换的变量之前加上用括号括起来的目标类型。在变量定义中不需要显示的类型定义是根据使用该变量的上下文决定的。

例如，通过类型的转换，可将变量或其所附带的值转换成另外一种类型：

```
<?php
    $num = 123;       //当前是整数类型
    $float = (float)$num;  //$num "临时性"地转换成了浮点型。
                          //$float 变量所携带的数据类型就为浮点型
    echo gettype($num)."<br />";  //使用 gettype(mixed var) 函数来获取变量类型
    echo gettype($float);
?>
```

运行结果如图 2-14 所示。

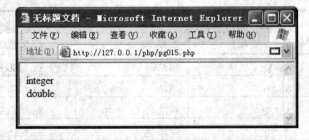

图 2-14 数据类型的转换

💡 **注意：** 要将一变量彻底转换成另一种类型，需使用 settype(mixed var, string type) 函数。

允许的强制转换的情形有下列几种。

- int、integer：转换成整型。
- bool、boolean：转换成布尔型。

- float、doublereal：转换成浮点型。
- string：转换成字符串。
- array：转换成数组。
- object：转换成对象。

任务 5　PHP 运算符

学过其他语言的读者，对于运算符应该不会陌生，运算符可以用来处理数字、字符串及其他的比较运算和逻辑运算等。在 PHP 中，运算符两侧的操作数会自动地进行类型转换，这在其他的编程语言中并不多见。在 PHP 的编程中，主要有如下三种类型的运算符。

- 一元运算符：只运算一个值，例如 !(取反运算符)或++(加 1 运算符)。
- 二元运算符：PHP 支持的大多数运算符都是这种，例如$a+$b。
- 三元运算符：即?:,被用来根据一个表达式的值在另两个表达式中选择一个，而不是用来在两个语句或者程序路线中选择。

PHP 中，常用的运算符有算术运算符、赋值运算符、比较运算符、三元运算符、错误抑制运算符、逻辑运算符、字符串运算符、数组运算符等。本节将主要介绍这些常用的运算符，以及运算符的优先级。

5.1　算术运算符

算术运算符是用来处理四则运算的符号，是最简单，也最常用的符号，尤其是数字的处理，几乎都会使用到算术运算符。PHP 的算术运算符如表 2-2 所示。

表 2-2　算术运算符

符　号	示　例	名　称	意　义
!	!a	取反	$a 的负值
+	$a+$b	加法	$a 与$b 的和
-	$a-$b	减法	$a 与$b 的差
*	$a*$b	乘法	$a 与$b 的积
/	$a/$b	除法	$a 与$b 的商
%	$a%$b	余数	$a 与$b 的余数
++	$a++	自加	$a 的递加
--	$a--	自减	$a 的递减

注意：除号(/)总是返回浮点数，即使两个运算数是整数(或由字符串转换成的整数)也是这样。

5.2 赋值运算符

赋值运算符(Assignment Operator)把表达式右边的值赋给左边的变量或常量。基本的赋值运算符是"="，它意味着把右边表达式的值赋给左边的运算数。在 PHP 中的赋值运算符如表 2-3 所示。

表 2-3 赋值运算符

符 号	示 例	意 义
=	$a=$b	将右边的值连到左边
+=	$a+=$b	将右边的值加到左边，即$a=$a+$b
-=	$a-=$b	将右边的值减到左边，即$a=$a-$b
*=	$a*=$b	将左边的值乘以右边，即$a=$a*$b
/=	$a/=$b	将左边的值除以右边，即$a=$a/$b
%=	$a%=$b	将左边的值对右边取余数，即$a=$a%$b
.=	$a.=$b	将右边的字串加到左边，即$a=$a.$b

在基本赋值运算符之外，还有适合于所有二元算术和字符串运算符的"组合运算符"，这样可以在一个表达式中使用它的值并把表达式的结果赋给它，例如：

```
<?php
    $a = "baidu";
    $b = ".com";
    echo $a .= $b;
?>
```

运行结果如图 2-15 所示。

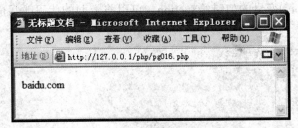

图 2-15 字符串赋值运算的结果

5.3 比较运算符

比较运算符，顾名思义就是可用来比较的操作符号，根据结果返回 true 或 false。比较运算符允许对两个值进行比较，PHP 的比较运算符如表 2-4 所示。

表 2-4　比较运算符

例　子	名　称	意　义
$a==$b	等于	True：如果$a 等于$b
$a===$b	全等	True：如果$a 等于$b，并且它们的类型也相同
$a!=$b	不恒等	True：如果$a 不恒等于$b
$a<>$b	不等于	True：如果$a 不等于$b
$a!==$b	非全等	True：如果$a 不等于$b，或者它们的类型不同(PHP 4 引进)
$a<$b	小于	True：如果$a 严格小于$b
$a>$b	大于	True：如果$a 严格大于$b
$a<=$b	小于等于	True：如果$a 小于或者等于$b
$a>=$b	大于等于	True：如果$a 大于或者等于$b

5.4　三元运算符

三元运算符是?:，三元运算符的功能与 if...else 语句很相似，语法如下：

```
(expr1)? (expr2) : (expr3)
```

首先对 expr1 求值，若结果为 True，则表达式(expr1)? (expr2) : (expr3)的值为 expr2，否则其值为 expr3，例如：

```php
<?php
    $action = (empty($_POST['action']))? 'default' : $_POST['action'];
?>
```

这里将首先判断$_POST['action']变量是否为空值，若是，则给$action 赋值为 default，否则将$_POST['action']变量的值赋给$action。可以将上面的代码改写成以下的代码：

```php
<?php
    if (empty($_POST['action'])) {
        $action = 'default';
    } else {
        $action = $_POST['action'];
    }
?>
```

5.5　错误抑制运算符

抑制运算符可在任何表达式前使用，PHP 支持一个错误抑制运算符@。当将其放置在一个 PHP 表达式之前时，该表达式可能产生的任何错误信息都被忽略掉。@运算符只对表达式有效。

那么，何时使用此运算符呢？一个简单的规则就是，如果能从某处得到值，就能在它前面加上@运算符。例如，可以把它放在变量、函数、include()调用、常量之前。不能把它放在函数或类的定义之前，也不能用于条件结构(例如 if 和 foreach 等)。

比如下面的代码：

```
<?php
    $Conn = mysql_connect("localhost", "username", "pwd");
    if ($Conn)
        echo "连接成功！";
    else
        echo "连接失败！";
?>
```

如果 mysql_connect()连接失败，就显示系统的错误提示，而后继续执行下面的程序。如果不想显示系统的错误提示，并希望失败后立即结束程序，则可以改写上面的代码如下：

```
<?php
    $Conn = @mysql_connect("localhost", "username", "pwd")
            or die("连接数据库服务器出错");
?>
```

在 mysql_connect()函数前加上@运算符来屏蔽系统的错误提示，同时使用 die()函数给出自定义的错误提示，然后立即退出程序。这种用法在大型程序中很常见。

5.6 逻辑运算符

PHP 的逻辑运算符(Logic Operators)通常用来测试真假值，常用的逻辑运算符如表 2-5 所示。

表 2-5 逻辑运算符

名 称	例 子	意 义
and	$a and $b	如果$a 与$b 都为 True，则结果为 True
or	$a or $b	如果$a 与$b 任一为 True，则结果为 True
xor	$a xor $b	如果$a 与$b 任一为 True，但不同时为 True，则结果为 True
!	!$a	如果$a 不为 True，则结果为 True
&&	$a &&$b	如果$a 与$b 都为 True，则结果为 True
||	$a || $b	如果$a 与$b 任一为 True，则结果为 True

可以看出，"与"和"或"有两种不同形式的运算符。

它们运算的优先级不同，&&比||的优先级高。

5.7 字符串运算符

字符串运算符(String Operator)有两个。第一个是连接运算符".",它返回其左右参数连接后的字符串。第二个是连接赋值运算符".=",它将右边的参数附加到左边的参数后。

例如:

```
<?php
    $a = "你好";
    $a = $a."朋友！";      //此时$a是"你好朋友！"
    $b = "你好";
    $b .= "朋友";          //此时$b是"你好朋友！"
?>
```

5.8 数组运算符

PHP的数组运算符如表2-6所示。

表2-6 数组运算符

名 称	例 子	意 义
+	$a+$b	$a和$b的联合，返回包含了$a和$b中所有元素的数组
==	$a==$b	如果$a和$b具有相同的元素，就返回true
===	$a===$b	两者具有相同元素且顺序相同，就返回true
!=	$a!=$b	如果$a和$b不是等价的，就返回true
<>	$a<>$b	如果$a不等于$b，则返回true
!==	$a!==$b	如果$a和$b不是恒等的，就返回true

联合运算符"+"把右边的数组附加到左边的数组后面，但重复的键值不会被覆盖。

下面通过一个实例，来看一下如何用"+"运算符来联合两个数组:

```
<?php
    $a = array("1"=>"No1","2"=>"No2","3"=>"No3","4"=>"No4");
    $b = array("3"=>"No3","4"=>"No4","5"=>"No5","6"=>"No6");
    $c = $a + $b;
    print_r($c);    //联合两数组
    echo "<br/>";
    if ($a==$b)
        echo "等价";
    else
        echo "不等价";
?>
```

可以看到，联合之后的数组结果如图2-16所示。

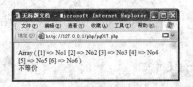

图 2-16 联合数组示例

5.9 运算符的优先级

运算符的优先级指定了两个表达式绑定得有多"紧密"。例如,表达式 1+2*3 的结果为 7,是因为乘号(*)的优先级比加号(+)高。必要时,可以用括号来强制改变优先级。例如 (1+2)*3 的值为 9。使用括号也可以增强代码的可读性。如果运算符的优先级相同,则使用从左到右的左结合顺序(左结合表示表达式从左向右求值,右结合则相反)。

表 2-7 从高到低列出了 PHP 所有运算符的优先级。同一行中的运算符具有相同的优先级,此时,它们的结合方向决定求值的顺序。

表 2-7 运算符的优先级

结合方向	运 算 符	附加信息
非结合	new	new
左	[	Array()
非结合	++ --	递增/递减运算符
非结合	! ~ - (int) (float) (string) (array) (object) @	类型
左	* / %	算术运算符
左	+ - .	算术/字符串运算符
左	<< >>	位运算符
非结合	< <= > >=	比较运算符
非结合	== != === !==	比较运算符
左	&	位运算符和引用
左	^	位运算符
左	|	位运算符
左	&&	逻辑运算符
左	||	逻辑运算符
左	? :	三元运算符
右	= += -= *= /= .= %= &= |= ^= <<= >>=	赋值运算符
左	and	逻辑运算符
左	xor	逻辑运算符
左	or	逻辑运算符
左	,	逗号运算符

下面结合前面所用到的运算符,来完成一项需要综合使用它们的任务:

```php
<?php
    //定义几个常量,最好是使用大写
    define("PEN", 20);      //钢笔为20元
    define("RULE", 10);     //尺子为10元
    $pen_num = 10;          //10只钢笔
    $rule_num = 20;         //20把尺子
    $total_price = $pen_num*PEN + $rule_num*RULE;
    $total_price = number_format($total_price);
    echo "购买10只钢笔和20把尺子一共要花".$total_price."元";
?>
```

运行结果如图2-17所示。

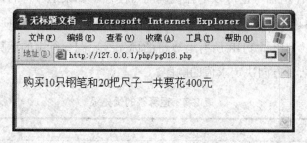

图2-17　运算符的综合使用

任务6　PHP 表达式

在 PHP 程序中,任何一个可以返回值的语句,都可以视为表达式。也就是说,表达式是一个短语,能够执行一个动作并具有返回值。一个表达式通常由两部分组成,一部分是操作数,另一部分是运算符。这里将介绍常用的几种控制语句,分别是条件语句、循环语句,以及 require 和 include 语句等其他语句。

6.1　条件语句

条件语句在 PHP 中非常重要,是 PHP 程序的主要控制语句之一。通常情况下,在客户端获得一个参数,根据传入的参数值做出不同的响应。在 PHP 中,条件语句分别是 if 语句、if-else 语句、if-elseif-else 语句和 switch 语句。

下面我们分别介绍这几种形式的条件语句。

1. if 语句

if 语句是许多高级语言中重要的控制语句,使用 if 语句,可以按照条件判断来执行语句,增强了程序的可控制性。

只有 if 语句的条件语句是最简单的一种条件语句。

语法如下：

```
if (expr)
    statement;
```

首先对 expr 求值，如果 expr 的值为 true，则执行 statement，如果值为 false，将会忽略 statement。

图 2-18 给出了上述语法格式在执行时的逻辑结构。

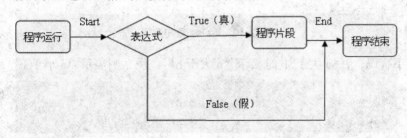

图 2-18　if 语句的逻辑结构

例如：

```
<?php
    $Num1 = 10;
    $Num2 = 9;
    if($Num1 > $Num2)
        echo "$Num1 大于$Num2";
?>
```

这个实例演示了 if 语句的逻辑结构，会在变量$Num1 大于$Num2 时输出"$Num1 大于$Num2"。

2. if-else 语句

条件语句的第二种形式是 if...else，即除了 if 语句外，还加上了 else 语句，else 语句可在 if 语句中表达式的值为 False 时执行。

语法如下：

```
if (expr)
    statement1;
else
    statement2;
```

首先对 expr 求值，如果 expr 的值为 True，则执行 statement1；如果值为 False，则执行 statement2。

这种情况的执行逻辑结构如图 2-19 所示。

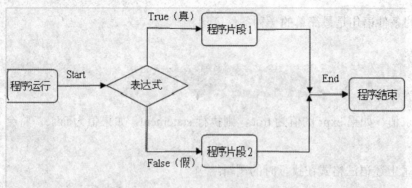

图 2-19 if-else 语句逻辑

例如以下代码，在$a 大于$b 时显示"a 大于 b"，反之则显示"a 小于 b"：

```
<?php
    $a = 12;
    $b = 49;
    if ($a>$b)
        echo "a 大于 b";
    else
        echo "a 小于 b";
?>
```

> 注意： else 语句仅在 if 以及 elseif(如果有的话)语句中的表达式值为 False 时执行，它不可以单独使用。

3. if-elseif-else 语句

条件语句的第三种形式是 if…elseif…else，elseif 是 if 和 else 的结合。与 else 一样，它延伸了 if 语句，可以在原来的 if 表达式值为 False 时执行不同的语句。但是与 else 不一样的是，它仅在 elseif 的条件表达式值为 True 时执行语句，语法如下：

```
if (expr1)
    statement1;
elseif (expr2)
    statement2;
elseif (expr3)
    statement3;
...
else
    statementn;
```

首先对 expr1 求值，如果 expr1 的值为 True，则执行 statement1，如果值为 False，则对 expr2 求值，如果 expr2 的值为 True，则执行 statement2，如果值为 False，则对 expr3 求值，依次类推，如果所有的表达式的值都为 False，则执行 statementn。

这种情况的执行逻辑结构如图 2-20 所示。

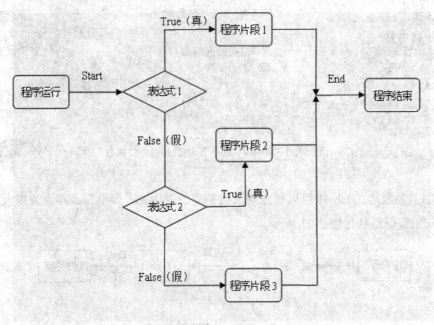

图 2-20　if-elseif-else 语句的逻辑结构

例如，以下代码将根据条件分别显示 "a 大于 b"、"a 等于 b"、"a 小于 b"：

```
<?php
    if ($a > $b)
        echo "a 大于 b";
    elseif($a == $b)
        echo "a 等于 b";
    else
        echo "a 小于 b";
?>
```

💡 注意：　elseif 也可写成 else if(两个单词)，它与 elseif(一个单词)的行为是完全一样的。

4. switch 语句

使用 switch 分支语句，可以避免大量地使用 if-else 控制语句。

switch 语句首先根据变量值得到一个表达式的值，然后根据表达式的值执行语句。

switch 语句计算 expression 的值，然后与 case 后的值做比较，跳转到第一个匹配的 case 语句，开始执行后面的语句，如果没有 case 匹配，就跳转到 default 语句执行，如果没有 default 语句，则退出。

当找到匹配的时候，解析器会一直执行到 switch 结尾或者遇见 break 语句时结束。case 语句可以使用空语句。

PHP 提供的分支(switch)语句语法如下：

```
switch (expression) {
    case label1:
        当expression 等于label1 时执行的代码;
        break;
    case label2:
        当expression 等于label2 时执行的代码;
        break;
    default:
        当expression 既不等于label1 也不等于label2 时执行的代码;
}
```

其中的常量表达式 label1 可以是任何求值类型的表达式，即整型或浮点数以及字符串。switch 语句的逻辑结构如图 2-21 所示。

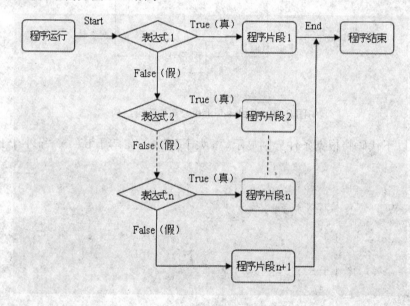

图 2-21　switch 语句的逻辑结构

下面的代码是 switch 语句的简单应用：

```
<?php
    switch ($x) {
        case 1:
            echo "x = 1 ";
            break;
        case 2:
            echo " x = 2";
            break;
        case 3:
            echo " x = 3";
            break;
```

```
        default:
            echo "No number between 1 and 3";
    }
?>
```

switch 语句一行接一行地执行(实际上是语句接语句)。开始时没有代码被执行。仅当一个 case 语句中的值与 switch 表达式的值匹配时，PHP 才开始执行语句，直到 switch 的程序段结束或者遇到第一个 break 语句为止。如果不在 case 的语句段最后写上 break 的话，PHP 将继续执行下一个 case 中的语句段。

例如：

```
<?php
    switch ($x) {
        case 1:
            echo "x = 1 ";
        case 2:
            echo " x = 2";
        case 3:
            echo " x = 3";
    }
?>
```

这里，如果$x 等于 1，PHP 将执行所有的输出语句；如果$x 等于 2，PHP 将执行后面两条输出语句；只有当$x 等于 3 时，才会得到结果：x=3。

6.2 循环语句

循环语句也称为迭代语句，让程序重复执行某个程序块，直到某个特定的条件表达式结果为假时，结束执行语句块。在 PHP 中，循环语句的形式有：while 循环、do-while 循环、for 循环和 foreach 循环。

1. while 循环语句

只要指定的条件成立，while 语句将重复执行代码块，如图 2-22 所示。

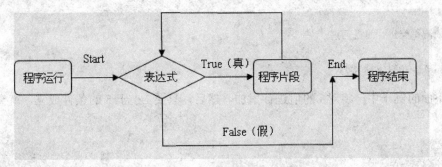

图 2-22 while 循环语句的逻辑结构

while 循环语句的语法如下：

```
while (condition)
    需要被执行的语句;
```

下面的例子示范了一个循环，只要变量 i 小于或等于 3，代码就会一直循环执行下去。每循环一次，变量 i 就会递增 1：

```
<?php
    $i = 1;
    while($i <= 3) {
        echo "The number is " . $i . "<br />";
        $i++;
    }
?>
```

程序执行的结果是：

```
The number is 1
The number is 2
The number is 3
```

2. do-while 循环语句

do...while 语句会至少执行一次代码块，然后，只要条件成立，就会重复执行代码块，不满足就跳出循环，如图 2-23 所示。

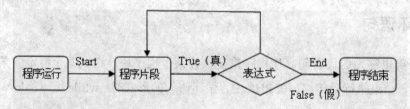

图 2-23 do-while 循环语句的逻辑结构

do-while 循环语句的语法如下：

```
do {
    需要被执行的语句;
}
while (condition);
```

在下面的例子中，将对 i 的值进行累加，然后，只要 i 小于 5 的条件成立，就会继续累加下去：

```
<?php
    $i = 0;
    do {
```

```
        $i++;
        echo "The number is " . $i . "<br />";
    }
    while ($i < 5);
?>
```

程序执行的结果是：

```
The number is 1
The number is 2
The number is 3
The number is 4
The number is 5
```

3. for 循环语句

如果已经确定了代码块的重复执行次数，则可以使用 for 语句。

for 循环语句的语法如下：

```
for (initialization; condition; increment)
{
    要被执行的语句;
}
```

for 语句中有 3 个表达式。第一个表达式用于初始化变量，第二个表达式指明继续循环的条件，第三个表达式设置循环增量。如果 initialization 或 increment 中包括了多个变量，需要用逗号进行分隔。而条件必须计算为 True 或者 False。

for 循环语句的逻辑结构如图 2-24 所示。

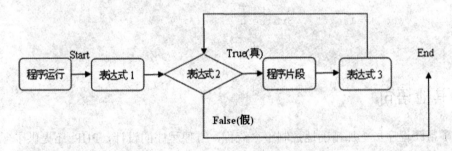

图 2-24　for 循环语句的逻辑结构

例如，下面的代码会把文本"Hello World!"显示 5 次：

```
<?php
    for ($i=1; $i<=5; $i++)
    {
        echo "Hello World!<br />";
    }
?>
```

4. foreach 循环语句

foreach 语句用于循环遍历数组。每进行一次循环,当前数组元素的值都会被赋值给 value 变量(数组指针会逐一地移动),以此类推。

语法如下:

```
foreach (array as value)
{
    需要被执行的语句;
}
```

foreach 循环语句的逻辑结构如图 2-25 所示。

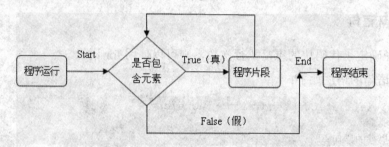

图 2-25 foreach 语句的逻辑结构

例如,下面的例子示范了一个循环,这个循环可以输出给定数组的值:

```
<?php
    $arr = array("one", "two", "three");
    foreach ($arr as $value)
    {
        echo "Value: " . $value . "<br />";
    }
?>
```

6.3 其他语句

为了帮助程序员更加精确地控制整个流程,方便程序的设计,PHP 还提供了一些其他语句,这里做一下简单的介绍。

1. break 语句

break 语句用来结束当前的 for、while 或 switch 循环结构,继续执行下面的语句。break 语句后面可以跟一个数字,用于在嵌套的控制结构中表示跳出控制结构的层数。

2. continue 语句

continue 语句用来跳出循环体,不继续执行循环体下面的语句,而是回到循环判断表达式，并决定是否继续执行循环体。continue 语句后面同样可以跟一个数字，作用与 break 语句相同。

3. return 语句

return()语句通常用于函数中，如果在一个函数中调用 return()语句，将立即结束此函数的执行，并将它的参数作为函数的值返回。

4. include()语句和 require()语句

指包含并运行指定的文件。require()和 include()除了处理失败之外，在其他方面都完全一样。include()产生一个警告，而 require()则导致一个致命错误。也就是说，如果想在丢失文件时停止处理页面，应该使用 require()，而 include()则会继续执行脚本，同时也要确认设置了合适的 include_path。

5. include_once()语句和 require_once()语句

require_once()语句和 include_once()语句分别对应 require()语句和 include()语句。

require_once()语句和 include_once()语句主要用于需要包含多个文件时，可以有效地避免把同一段代码包含进去而出现函数或变量重复定义的错误。

任务 7　PHP 函数的应用

PHP 的真正威力源于它的函数。在 PHP 中，提供了超过 700 个内建的函数。在本教程中，我们将为您讲解如何创建自己的函数。

7.1 创建 PHP 函数

函数是一种可以在任何被需要的时候执行的代码块。创建 PHP 函数应遵循以下规则：

- 所有的函数都使用关键词 function 开始。
- 函数的名称应该提示出它的功能。函数名称以字母或下划线开头，后面跟字母、数字或下划线。
- 函数名后是一对圆括号，其中是可选的参数列表，可以为空，有参数时，参数之间用逗号分隔。
- 花括号"{"之后的部分是函数的代码。
- 花括号中需要插入执行功能的一组代码语句。
- 函数通过关闭花括号"}"结束。

例如，下面是一个简单的函数，在其被调用时，能输出"David Yang"：

```php
<?php
    function writeMyName()            //定义函数
    {
        echo "David Yang";
    }
    writeMyName();                    //调用函数
?>
```

7.2 使用 PHP 函数

现在，我们可以在 PHP 脚本中使用这个函数了：

```php
<?php
    function writeMyName()
    {
        echo "David Yang";
    }
    echo "Hello world!<br />";
    echo "My name is "; writeMyName();
    echo ".<br />That's right, "; writeMyName();
    echo " is my name.";
?>
```

以上代码的输出为：

```
Hello world!
My name is David Yang.
That's right, David Yang is my name.
```

7.3 添加函数参数

前面例子中的第一个函数是一个非常简单的函数。它只能输出一个静态的字符串。通过添加参数，我们可以为函数增加更多的功能。参数类似一个变量。读者可能注意到了，函数名称后面有一个括号，比如 writeMyName()。参数就是要在括号中规定的。

例1 下面的代码将输出不同的名字，但姓是相同的：

```php
<?php
    function writeMyName($fname)
    {
        echo $fname . " Yang.<br />";
    }
    echo "My name is "; writeMyName("David");
    echo "My name is "; writeMyName("Mike");
    echo "My name is "; writeMyName("John");
?>
```

上面的代码的输出：

```
My name is David Yang.
My name is Mike Yang.
My name is John Yang.
```

例 2 下面的函数有两个参数：

```php
<?php
    function writeMyName($fname, $punctuation)
    {
        echo $fname . " Yang" . $punctuation . "<br />";
    }
    echo "My name is ";
    writeMyName("David", ".");
    echo "My name is ";
    writeMyName("Mike", "!");
    echo "My name is ";
    writeMyName("John", "...");
?>
```

上面的代码的输出为：

```
My name is David Yang.
My name is Mike Yang!
My name is John Yang...
```

7.4 函数的返回值

所有的函数都可以有返回值，也可以没有。例如：

```php
<?php
    function add($x, $y)
    {
        $total = $x + $y;
        return $total;
    }
    echo "1 + 16 = " . add(1,16);
?>
```

以上代码的输出为：

```
1 + 16 = 17
```

7.5 函数的嵌套和递归

PHP 中的函数可以嵌套定义和嵌套调用。所谓嵌套定义，就是在定义一个函数时，其函数体内又包含另一个函数的完整定义。这个内嵌的函数只能在包含它的函数被调用之后才会生效，举例如下：

```php
<?php
   function foo()
   {
      function bar()
      {
         echo "并没有关闭直到foo()函数被调用.";
      }
   }
   /*不能嵌套应用bar()函数，因为它没有被关闭*/
   foo();
   /*现在可以应用bar()函数，foo()的进程允许使用*/
   bar();
?>
```

这段代码的输出为：

并没有关闭直到foo()函数被调用.

所谓嵌套调用，就是在调用一个函数的过程中，又调用另一个函数。举例如下：

```php
<?php
   $num1 = 100;
   $num2 = 200;
   myoutput($num1, $num2);
   function myoutput($a, $b)
   {
      echo "较大的是".maxNum($a, $b);
   }
   function maxNum($a, $b)
   {
      if ($a<$b) $a =$b;
      return $a;
   }
?>
```

这段代码的输出结果为：

较大的是200

PHP 中还允许函数的递归调用，即在调用函数的过程中又直接或间接地调用该函数本身。举例如下：

```php
<?php
   recursion(5);
   function recursion($a)
   {
      if($a <= 10) {
         echo "$a ";
```

```
            recursion($a+1);
        }
    }
?>
```

这段代码的输出结果为：

```
5 6 7 8 9 10
```

任务 8　MySQL 数据库的操作

什么是 MySQL？MySQL 是一种数据库。MySQL 是目前最流行的开源数据库服务器。

数据库定义了存储信息的结构。在数据库中，存在着一些表，类似 HTML 表格，数据库表含有行、列以及单元。在分类存储信息时，数据库非常有用。一个公司的数据库可能拥有下面这些表：Employees、Products、Customers 以及 Orders。

数据库通常包含一个或多个表。每个表都一个名称(比如 Customers 或 Orders)，每个表包含带有数据的记录(行)。表 2-8 是一个名为 Persons 的表的例子。

表 2-8　Persons 表

LastName	FirstName	Address	City
Hansen	Ola	Timoteivn 10	Sandnes
Svendson	Tove	Borgvn 23	Sandnes
Pettersen	Kari	Storgt 20	Stavanger

上面的表含有 3 个记录(每个记录是一个人)和 4 个列(LastName、FirstName、Address 以及 City)。

查询是一种询问或请求。通过 MySQL，我们可以从数据库中查询具体的信息，并得到返回的记录集。看下面的查询：

```
SELECT LastName FROM Persons
```

上面的查询选取了 Persons 表中 LastName 列的所有数据，将返回类似这样的记录集：

```
LastName
---------------
Hansen
Svendson
Pettersen
```

如果我们的 PHP 服务器没有 MySQL 数据库，可以从如下网址下载 MySQL：

```
http://www.mysql.com/downloads/index.html
```

8.1 连接数据库

在能够访问并处理数据库中的数据之前,我们必须创建到达数据库的连接。

在 PHP 中,这个任务通过 mysql_connect()函数来完成。语法如下:

```
mysql_connect(servername, username, password);
```

其中:

- servername:可选。规定要连接的服务器。默认是 localhost:3306。
- username:可选。登录所使用的用户名。默认值是拥有服务器进程的用户的名称。
- password:可选。登录所用的密码。默认为空。

虽然还存在其他的参数,但上面列出了最重要的参数。

在下面的例子中,我们在一个变量($con)中存放了在脚本中供稍后使用的连接。如果连接失败,将执行 die 部分:

```
<?php
    $con = mysql_connect("localhost", "peter", "abc123");
    if (!$con)
    {
        die('Could not connect: ' . mysql_error());
    }
    // some code
?>
```

脚本一结束,就会关闭连接。要提前关闭连接,可使用 mysql_close()函数:

```
<?php
    $con = mysql_connect("localhost", "peter", "abc123");
    if (!$con)
    {
        die('Could not connect: ' . mysql_error());
    }
    // some code
    mysql_close($con);
?>
```

8.2 创建数据库和表

数据库中含有一个或多个表。使用 CREATE DATABASE 语句在 MySQL 中创建数据库。语法如下:

```
CREATE DATABASE database_name
```

为了让 PHP 执行上面的语句,我们必须使用 mysql_query()函数。此函数用于向 MySQL

连接发送查询或命令。

在下面的代码中，创建了一个名为"my_db"的数据库：

```php
<?php
    $con = mysql_connect("localhost", "peter", "abc123");
    if (!$con)
    {
        die('Could not connect: ' . mysql_error());
    }
    if(mysql_query("CREATE DATABASE my_db", $con))
    {
        echo "Database created";
    }
    else
    {
        echo "Error creating database: " . mysql_error();
    }
    mysql_close($con);
?>
```

CREATE TABLE 用于在 MySQL 中创建数据库表。

语法如下：

```
CREATE TABLE table_name
(
   column_name1 data_type,
   column_name2 data_type,
   column_name3 data_type,
   ...
)
```

为了执行此命令，必须向 mysql_query()函数添加 CREATE TABLE 语句。

下面的例子展示了如何创建一个名为 Persons 的表，此表有三列，列名是 FirstName、LastName 以及 Age：

```php
<?php
    $con = mysql_connect("localhost", "peter", "abc123");
    if (!$con)
    {
        die('Could not connect: ' . mysql_error());
    }

    // Create database
    if (mysql_query("CREATE DATABASE my_db", $con))
    {
        echo "Database created";
    }
    else
```

```
{
    echo "Error creating database: " . mysql_error();
}
// Create table in my_db database
mysql_select_db("my_db", $con);
$sql = "CREATE TABLE Persons
(
    FirstName varchar(15),
    LastName varchar(15),
    Age int
)";
mysql_query($sql, $con);
mysql_close($con);
?>
```

在创建表之前,必须先选择数据库。通过 mysql_select_db()函数选取数据库。当创建 varchar 类型的数据库字段时,必须规定该字段的最大长度,例如 varchar(15)。

表 2-9~2-12 给出了可使用的各种 MySQL 数据类型。

表 2-9 数值类型

数值类型	描 述
int(size)	仅支持整数。在 size 参数中规定数值的最大值
smallint(size)	
tinyint(size)	
mediumint(size)	
bigint(size)	
decimal(size, d)	支持带有小数的数值。在 size 参数中规定数值的最大值。在 d 参数中规定小数点右侧的数值的最大值
double(size, d)	
float(size, d)	

表 2-10 文本数据类型

文本数据类型	描 述
char(size)	支持固定长度的字符串(可包含字母、数字以及特殊符号)。在 size 参数中规定固定长度
varchar(size)	支持可变长度的字符串(可包含字母、数字以及特殊符号)。在 size 参数中规定最大长度
tinytext	支持可变长度的字符串,最大长度是 255 个字符
text blob	支持可变长度的字符串,最大长度是 65535 个字符
mediumtext mediumblob	支持可变长度的字符串,最大长度是 16777215 个字符
longtext longblob	支持可变长度的字符串,最大长度是 4294967295 个字符

表 2-11 日期数据类型

日期数据类型	描述
date(yyyy-mm-dd)	支持日期或时间
datetime(yyyy-mm-dd hh:mm:ss)	
timestamp(yyyymmddhhmmss)	
time(hh:mm:ss)	

表 2-12 杂项数据类型

杂项数据类型	描述
enum(value1, value2, ...)	enum 是 enumerated 枚举列表的缩写。可以在括号中存放最多 65535 个值
set	set 与 enum 相似。但 set 可拥有最多 64 个列表项目，并可存放不止一个 choice

每个表都应有一个主键字段。主键用于对表中的行进行唯一标识。每个主键值在表中必须是唯一的。此外，主键字段不能为空，这是由于数据库引擎需要一个值来对记录进行定位。

主键字段永远要被编入索引，这条规则没有例外。必须对主键字段进行索引，这样，数据库引擎才能快速找到给予该键值的行。

下面的例子把 personID 字段设置为主键字段：

```
$sql = "CREATE TABLE Persons
(
    personID int NOT NULL AUTO_INCREMENT,
    PRIMARY KEY(personID),
    FirstName varchar(15),
    LastName varchar(15),
    Age int
)";
mysql_query($sql, $con);
```

主键字段通常是 ID 号，且通常使用 AUTO_INCREMENT 设置。AUTO_INCREMENT 会在新记录被添加时逐一增加该字段的值。要确保主键字段不为空，我们必须向该字段添加 NOT NULL 设置。

8.3 插入数据

INSERT INTO 语句用于向数据库表中添加新记录。语法如下：

```
INSERT INTO table_name VALUES(value1, value2, ...)
```

还可以规定希望在其中插入数据的列。语法如下:

```
INSERT INTO table_name(column1, column2, ...) VALUES(value1, value2, ...)
```

SQL 语句对大小写不敏感，INSERT INTO 与 insert into 作用相同。为了让 PHP 执行该语句，我们必须使用 mysql_query()函数，该函数用于向 MySQL 连接发送查询或命令。

例如，在前面的内容中，我们创建过一个名为 Persons 的表，有 3 个列：Firstname、Lastname 以及 Age，我们将在本例中使用同样的表。

下面的例子向 Persons 表中添加两条新记录：

```
<?php
    $con = mysql_connect("localhost", "peter", "abc123");
    if (!$con)
    {
        die('Could not connect: ' . mysql_error());
    }
    mysql_select_db("my_db", $con);
    mysql_query("INSERT INTO Persons (FirstName, LastName, Age)
      VALUES ('Peter', 'Griffin', '35')");
    mysql_query("INSERT INTO Persons (FirstName, LastName, Age)
      VALUES ('Glenn', 'Quagmire', '33')");
    mysql_close($con);
?>
```

下面顺便说明如何把来自表单的数据插入数据库。

首先创建一个 HTML 表单，这个表单可把新记录插入 Persons 表：

```
<html>
<body>
<form action="insert.php" method="post">
  Firstname: <input type="text" name="firstname" />
  Lastname: <input type="text" name="lastname" />
  Age: <input type="text" name="age" />
  <input type="submit" />
</form>
</body>
</html>
```

当用户单击 HTML 表单中的提交按钮时，表单数据被发送到 insert.php。文件 insert.php 可以连接数据库，并且通过$_POST 变量从表单取回值。然后，由 mysql_query()函数来执行 INSERT INTO 语句，一条新的记录就会添加到数据库表中。

下面是 insert.php 页面的代码：

```
<?php
    $con = mysql_connect("localhost", "peter", "abc123");
    if (!$con)
```

```
{
    die('Could not connect: ' . mysql_error());
}
mysql_select_db("my_db", $con);
$sql = "INSERT INTO Persons (FirstName, LastName, Age)
  VALUES('$_POST[firstname]','$_POST[lastname]','$_POST[age]')";
if (!mysql_query($sql, $con))
{
    die('Error: ' . mysql_error());
}
echo "1 record added";
mysql_close($con)
?>
```

8.4 选取数据

SELECT 语句用于从数据库中选取数据。

语法如下：

```
SELECT column_name(s) FROM table_name
```

SQL 语句对大小写不敏感，即 SELECT 与 select 是等效的。

为了让 PHP 执行上面的语句，我们必须使用 mysql_query()函数。该函数用于向 MySQL 发送查询或命令。

例如，选取存储在 Persons 表中的所有数据(*字符的含义是选取表中的所有数据)：

```
<?php
   $con = mysql_connect("localhost", "peter", "abc123");
   if (!$con)
   {
       die('Could not connect: ' . mysql_error());
   }
   mysql_select_db("my_db", $con);
   $result = mysql_query("SELECT * FROM Persons");
   while($row = mysql_fetch_array($result))
   {
       echo $row['FirstName'] . " " . $row['LastName'];
       echo "<br />";
   }
   mysql_close($con);
?>
```

上面这个例子首先在$result 变量中存放由 mysql_query()函数返回的数据，然后，使用 mysql_fetch_array()函数以数组的形式从记录集返回第一行。每个随后对 mysql_fetch_array() 函数的调用都会返回记录集中的下一行。while 循环语句会循环显示记录集中的所有记录。

为了输出每行的值，我们使用 PHP 的$row 变量($row['FirstName']和$row['LastName'])。

以上代码的输出结果为：

```
Peter Griffin
Glenn Quagmire
```

下面的例子选取的数据与上面的例子相同，只是将把数据显示在一个 HTML 表格中：

```php
<?php
    $con = mysql_connect("localhost", "peter", "abc123");
    if (!$con)
    {
        die('Could not connect: ' . mysql_error());
    }
    mysql_select_db("my_db", $con);
    $result = mysql_query("SELECT * FROM Persons");
    echo "<table border='1'><tr><th>Firstname</th><th>Lastname</th></tr>";
    while($row = mysql_fetch_array($result))
    {
        echo "<tr>";
        echo "<td>" . $row['FirstName'] . "</td>";
        echo "<td>" . $row['LastName'] . "</td>";
        echo "</tr>";
    }
    echo "</table>";
    mysql_close($con);
?>
```

以上代码的输出结果如图 2-26 所示。

Firstname	Lastname
Glenn	Quagmire
Peter	Griffin

图 2-26　输出结果

8.5　条件查询

如需选取匹配指定条件的数据，可向 SELECT 语句添加 WHERE 子句。语法如下：

```
SELECT column FROM table WHERE column operator value
```

下列运算符可与 WHERE 子句一起使用。

- =：等于。
- !=：不等于。
- >：大于。

- <：小于。
- >=：大于或等于。
- <=：小于或等于。
- BETWEEN：介于一个包含范围内。
- LIKE：搜索匹配的模式。

SQL 语句对大小写不敏感，即 WHERE 与 where 的作用是等效的。

为了让 PHP 执行上面的语句，我们必须使用 mysql_query()函数。该函数用于向 SQL 连接发送查询和命令。

下面的例子将从 Persons 表中选取所有 FirstName = 'Peter'的行：

```
<?php
    $con = mysql_connect("localhost", "peter", "abc123");
    if (!$con) {
        die('Could not connect: ' . mysql_error());
    }
    mysql_select_db("my_db", $con);
    $result = mysql_query("SELECT * FROM Persons
      WHERE FirstName = 'Peter'");
    while($row = mysql_fetch_array($result)) {
        echo $row['FirstName'] . " " . $row['LastName'];
        echo "<br />";
    }
?>
```

以上代码的输出为：

```
Peter Griffin
```

8.6 数据排序

ORDER BY 关键词用于对记录集中的数据进行排序。

语法如下：

```
SELECT column_name(s) FROM table_name ORDER BY column_name
```

SQL 对大小写不敏感。即 ORDER BY 与 order by 是等效的。

例如，选取 Persons 表中存储的所有数据，并根据 Age 列对结果进行排序：

```
<?php
    $con = mysql_connect("localhost", "peter", "abc123");
    if (!$con)
    {
        die('Could not connect: ' . mysql_error());
    }
```

```
    mysql_select_db("my_db", $con);
    $result = mysql_query("SELECT * FROM Persons ORDER BY Age");
    while($row = mysql_fetch_array($result))
    {
        echo $row['FirstName'];
        echo " " . $row['LastName'];
        echo " " . $row['Age'];
        echo "<br />";
    }
    mysql_close($con);
?>
```

以上代码的输出结果如下：

```
Glenn Quagmire 33
Peter Griffin 35
```

在使用 ORDER BY 关键词的时候，应记住记录集的排序顺序默认是升序(例如 1 在 9 之前，a 在 p 之前)。

可以使用 DESC 关键词来设定降序排序(例如 9 在 1 之前，p 在 a 之前)：

```
SELECT column_name(s)
FROM table_name
ORDER BY column_name DESC
```

可以根据两列进行排序，也可以根据多个列进行排序。当按照多个列进行排序时，只有第一列相同时，才使用第二列。语法如下：

```
SELECT column_name(s)
FROM table_name
ORDER BY column_name1, column_name2
```

8.7 更新数据

UPDATE 语句用于在数据库表中修改数据。

语法如下：

```
UPDATE table_name
SET column_name = new_value
WHERE column_name = some_value
```

SQL 对大小写不敏感，即 UPDATE 与 update 是等效的。

为了让 PHP 执行上面的语句，必须使用 mysql_query()函数，该函数用于向 SQL 连接发送查询和命令。

例如，我们先前创建过的一个名为 Persons 的表，该表的结构类似于表 2-13。

表 2-13 Persons 表

FirstName	LastName	Age
Peter	Griffin	35
Glenn	Quagmire	33

下面的例子更新 Persons 表的一些数据：

```php
<?php
    $con = mysql_connect("localhost", "peter", "abc123");
    if (!$con)
    {
        die('Could not connect: ' . mysql_error());
    }
    mysql_select_db("my_db", $con);
    mysql_query("UPDATE Persons SET Age = '36'
      WHERE FirstName = 'Peter' AND LastName = 'Griffin'");
    mysql_close($con);
?>
```

在这次更新后，Persons 表格如表 2-14 所示。

表 2-14 更新后的 Persons 表

FirstName	LastName	Age
Peter	Griffin	36
Glenn	Quagmire	33

8.8 删除数据

DELETE FROM 语句用于从数据库表中删除记录。

语法如下：

```
DELETE FROM table_name
WHERE column_name = some_value
```

SQL 对大小写不敏感，即 DELETE FROM 与 delete from 是等效的。

为了让 PHP 执行上面的语句，必须使用 mysql_query()函数。该函数用于向 SQL 连接发送查询和命令。

例如，针对如表 2-13 所示的 Persons 表，下面的代码删除 Persons 表中所有 LastName = 'Griffin' 的记录：

```php
<?php
    $con = mysql_connect("localhost", "peter", "abc123");
    if (!$con) {
```

```
        die('Could not connect: ' . mysql_error());
    }
mysql_select_db("my_db", $con);
mysql_query("DELETE FROM Persons WHERE LastName='Griffin'");
mysql_close($con);
?>
```

在这次删除之后，Persons 表变成如表 2-15 所示。

表 2-15　删除记录后的 Persons 表

FirstName	LastName	Age
Glenn	Quagmire	33

本模块介绍了 PHP 与 MySQL 数据库的一些常用操作，读者在学习的时候一定要认真编写每一行的代码，养成规范编程的习惯，以方便对后面内容的学习。

模块三

价格查询系统实例的设计

进行 PHP 网站开发的环境很多，已经很熟悉 HTML 语言和 PHP 的设计人员，甚至可以直接使用记事本进行代码的编写工作。而对于新手来说，可以使用 Dreamweaver 配合 MySQL 进行动态系统的开发。

Dreamweaver 提供了方便易用的图形化界面，只需使用鼠标选择，输入一些基本设置参数，就能够与 MySQL 数据库交互，实现建立数据库、查询、新增记录、更新记录、删除记录等操作，不用自己写程序即可实现 PHP+MySQL 动态系统的开发。

本章将介绍如何使用 Dreamweaver 的服务器行为，引导读者熟悉由 Dreamweaver 产生的程序代码，掌握 Dreamweaver 绑定生成的 PHP 程序逻辑。

●本模块的任务重点●

- 掌握以 Dreamweaver 进行 PHP 开发的流程
- 在 Dreamweaver 中进行 PHP 开发平台的搭建
- 搭建 PHP 动态系统开发的平台
- 检查数据库记录的常见操作
- 编辑记录的常见操作

任务 1　搭建 PHP 开发环境

Dreamweaver 提供了网站开发的整合性环境，它可以支持不同服务器技术，如 ASP、PHP、JSP 等，建立支持数据库的动态网络应用程序，同时，也能让不懂得程序代码的网站设计人员或初学者在不用撰写程序代码的情况下，学习动态网页的设计技术。

1.1　网站开发的步骤

在开始制作网站之前，还要了解在 Dreamweaver CS5.5 中的网页设计和发布流程，可以分为如下 5 个步骤。

(1) 规划网站站点

需要了解网站建设的目的，确定网站提供的服务、针对的是什么样的访问者，以决定网页中应该出现什么内容。

(2) 建立站点的基本结构

在 Dreamweaver CS5.5 中，可以在本地计算机上建立出整个站点的框架，并在各个文件夹中合理地安置文档。Dreamweaver CS5.5 可以在站点窗口中以两种方式显示站点结构，一种是目录结构，另一种是站点地图。可以使用站点地图的方式快速构建和查看站点原型。一旦创建了本地站点并生成了相应的站点结构、创建了即将进一步编辑的各种文档，就可以在其中组织文档和数据了。

(3) 实现所有页面的设计

建立站点之后，进入 Dreamweaver CS5.5 软件中，开始进行页面的版面规划设计，利用强大的编辑设计功能实现各种复杂的表格，然后再组织页面内容。为了保持页面的统一风格，可以利用模板来快速生成文档。

(4) 充实网页内容

在创建了基本版面页面之后，就要往框架里填充内容了。在文档窗口中合适的地方，可以输入文字和其他资源，例如图像、水平线、Flash 插件和其他对象，一般可以通过插入面板或插入菜单来完成插入操作。

(5) 发布和维护更新

在站点编辑完成后，需要将本地的站点跟位于 Internet 服务器上的远程站点关联起来，把本地设计好的网站内容传到服务器上，并注意后期的随时更新和维护。

1.2　网站文件夹的设计

在制作网站之前，首先要把设计好的网站内容放置在本地设计的计算机硬盘上，为了方便站点的设计及上传，设计好的网页都应存储在 Apache 服务器的安装路径下，如本书中的路径为 C:\Apache\hedocs 目录下，再用合理的文件夹来管理文档。在本地站点规划时，应该注意下列操作规则。

1. 设计合理的文件夹

在本地站点中应该用文件夹来合理构建文档的结构，首先为站点创建一个主要文件夹，然后在其中创建多个子文件夹，最后将文档分类存储在相应的文件夹下。例如可以在 images 的文件夹中放置网站页面的图片，可以在 data 文件夹中放置网站的数据库，可以在 css 文件夹中放置网页的样式表，如图 3-1 所示为一个 phpweb 网站规划建立的文件夹和文档。

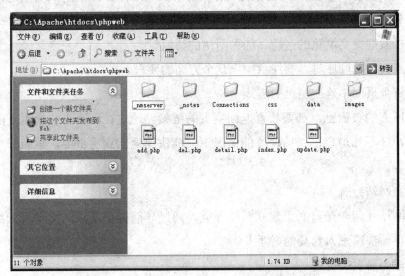

图 3-1　网站在本地硬盘上的文件夹和文档

2. 设计合理的文件夹名称

网站建设由于要产生的文件很多，因此要用合理的文件名称，这样操作的目的，一是为了方便在网站的规模变得很大时，可以进行修改更新，二是为了方便浏览者通过查看网页的文件名就能知道网页所要表达的内容。

在设计合理的文件名时，要注意以下几点：

- 尽量使用短文件名来命名。
- 应该避免使用中文文件名，因为很多 Internet 服务器使用的是英文操作系统，不能对中文文件名提供很好的支持，而且浏览网站的用户也可能使用英文操作系统，用中文文件名同样可能导致浏览错误或访问失败。
- 建议在构建的站点中，全部使用小写的文件名称。很多 Internet 服务器采用 Unix 操作系统，它是区分文件的大小写的。

3. 设计本地和远程站点为相同的文件结构

这是指在本地站点中规划设计的网站文件结构要与上传到 Internet 服务器中被人浏览的网站文件结构相同。这样，在本地站点上相应的文件夹和文件上的操作，都可以同远程站点上的文件夹和文件一一对应。Dreamweaver CS5.5 将整个站点上传到 Internet 服务器上，可以保证远程站点是本地站点的完整的复制，方便浏览和修改。

1.3 流畅的浏览顺序

在创建网站的时候，首先要考虑到所有页面的浏览顺序，注意主次页面之间的链接是否流畅。如果采用标准统一的网页组织形式，可以让用户轻松自如地访问每个他们要访问的网页，这样就能提高浏览的兴趣、加大网站的访问量。

建立站点的浏览顺序时，要注意如下几个方面的要求。

(1) 在每个页面中建立主页的链接

在网站所有的页面上，都要放置返回主页的链接。通过在网页中包含主页的链接，就可以保证用户在不知道自己目前位置的情况下，能快速返回到主页中，重新开始浏览站点中的其他内容。

(2) 建立网站导航

应该在网站任何一个页面上建立网站导航，通过导航提供站点的简明目录结构，引导用户从一个页面快速进入到其他页面上。

(3) 突出当前页的位置

在网站页面的设计中，往往需要加入当前页在网站中的位置说明，或者是加入说明的主题，以帮助浏览者了解他们现在访问的是什么地方。如果页面嵌套过多，则可以通过创建"前进"、"后退"之类的链接，来帮助浏览者进行浏览。

(4) 增加搜索和索引功能

对于一些带数据库的网站，还应该给浏览者提供搜索的功能，或者是给浏览者检索的权利，使用户能快速查找到自己需要的信息。

(5) 必要的信息反馈功能

网站建设和发布后，都会存在一些小问题，从浏览者那里及时获取他们对网站的意见和建议是非常必要的，为了及时地从用户处了解到相关的信息，应该在网页上提供用户同网页创作者或网站管理员的联系途径。常用的方法是建立留言簿或是创建一个 E-mail 超级链接，帮助用户快速地将信息回馈到网站中。

任务 2 价格查询系统的设计

这里以价格查询系统实例的形式具体介绍 Dreamweaver 中的服务器行为的使用方法。在开始制作一个 PHP 网站之前,需要在 Dreamweaver 中定义一个新站点。在新建站点时可以让 Dreamweaver 知道当前网站的具体目录、测试的路径等信息。

2.1 网站的整体结构

价格查询系统的结构主要分成用户登录入口和找回密码入口两个部分,index.php 是这个网站的首页。

在本地计算机中设置站点服务器。除了在 Dreamweaver CS5.5 的网站环境按 F12 键来浏览网页外,还可以在 IE 浏览器中输入"http://localhost/web/index.php"来打开用户系统的首页 index.php,其中 web 为站点名。

本实例制作 5 个功能页面,各页面的功能如表 3-1 所示。

表 3-1 网页的功能

页面	主要的功能
index.php	显示所有的价格记录
detail.php	显示详细价格信息页面
add.php	增加价格信息页面
update.php	更新价格信息页面
del.php	删除价格信息页面

index.php 用于浏览数据库内的记录,为 detail.php 提供附带 URL 参数 ID 的超级链接,便于查看详细的记录信息,如图 3-2 所示。

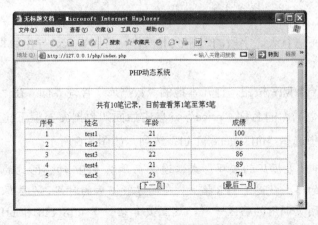

图 3-2 index.php 页面的效果

detail.php 用于接受由 index.php 传来的 URL 参数 ID，利用 URL 参数筛选数据库中的记录。更新与删除记录时都是依靠数据库中的主要字段 ID 来识别记录的，如图 3-3 所示。

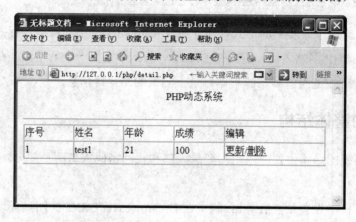

图 3-3　detail.php 页面的效果

当制作一个 PHP 系统功能时，提前规划网站的架构是一件很重要的事情。在我们的头脑中对这个网站要有一个雏形，如大概有哪些页面、页面间的关系如何等。

2.2　创建数据库

经过对前面功能的分析发现，数据库应该包括 ID、品名、数量、价格 4 个字段。所以在数据库中必须包含一个容纳上述信息的表。

接下来就要使用 phpMyAdmin 软件建立网站数据库作为任何数据查询、新增、修改与删除的后端支持。

创建数据库的步骤如下。

step 01　在 IE 浏览器地址栏中输入"http://127.0.0.1/phpMyAdmin/"，在登录界面输入 MySQL 的用户名"root"和密码"admin"，如图 3-4 所示。

step 02　单击 执行 按钮，即可进入软件的管理界面，选择相关数据库，可看到数据库中的各表，可进行表、字段的增删改等操作，可以导入、导出数据库信息，如图 3-5 所示。

step 03　单击 数据库 按钮，打开本地的"数据库"管理界面，在"新建数据库"文本框中输入数据库的名称"price"，单击后面的数据库类型下拉列表框，在弹出的下拉列表中选择"utf8_general_ci"选项，如图 3-6 所示。

> 注意：UTF8 是数据库的编码形式，通常在开发 PHP 动态网站的时候 Dreamweaver 默认的格式就是 UTF8 格式，在创建数据库的时候，也要保证数据库储存的格式与网页调用的格式一样，这里要介绍一下 utf8_bin 和 utf8_general_cid 的区别。其中 ci 是 case insensitive，即"大小写不敏感"，即 a 和 A 在字符判断中

会被当作一样的；bin 代表二进制，所以 utf8_bin 中 a 和 A 会区别对待的。

step 04 ▶ 单击 创建 按钮，返回"常规设置"页面，在数据库列表中就已经建立了 price 数据库，如图 3-7 所示。

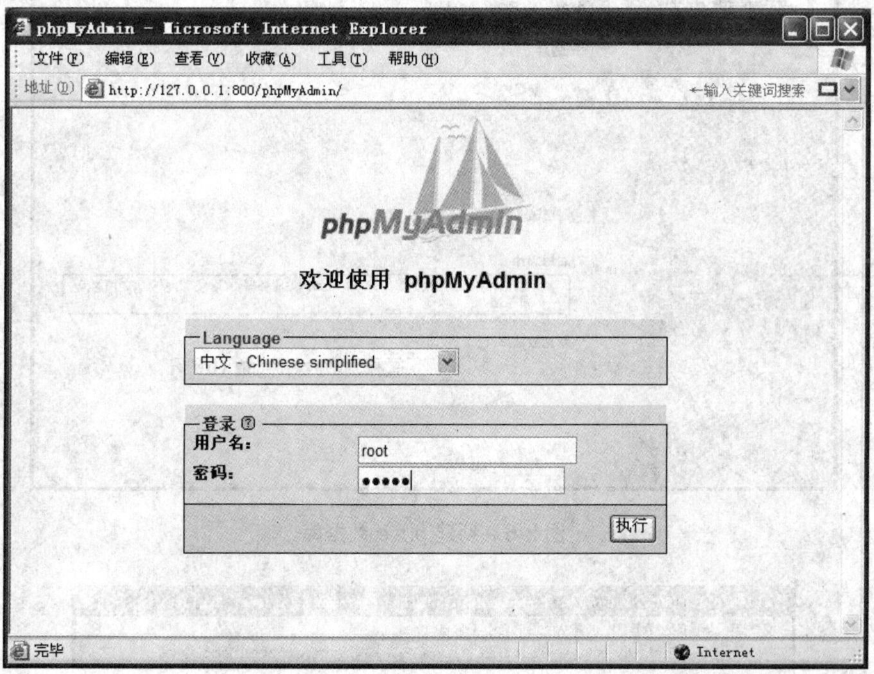

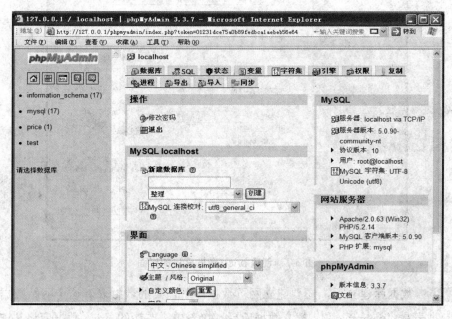

图 3-4　phpMyAdmin 的登录界面

图 3-5　软件的管理界面

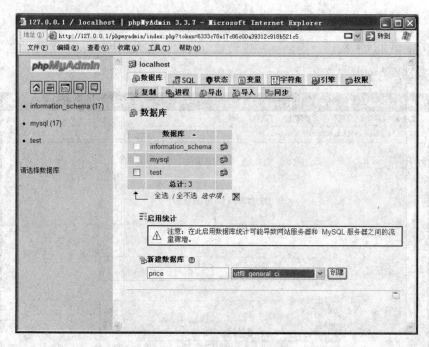

图 3-6 新建 price 数据库

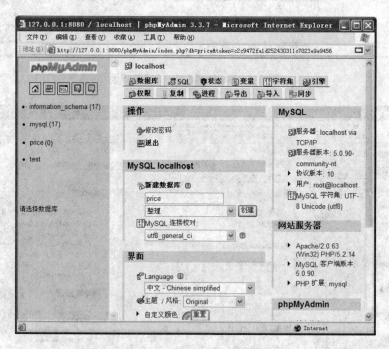

图 3-7 创建 price 数据库后的界面

step 05 数据库建立后，还要建立网页数据库所需要的数据表。这个网站数据库的数据表是"webprice"。建立数据库后，接着单击左边的 price 数据库将其连接上，界面如图 3-8 所示。

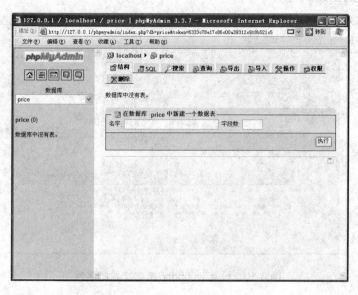

图 3-8 打开 price 数据库

step 06 打开的数据库右方界面中,有新建数据表的设置区域,含有"名字"、"字段数"两个文本框,在"名字"文本框中输入数据表名称"webprice",在"字段数"文本框中输入本数据表的字段数为"4",表示将创建 4 个字段来储存数据,如图 3-9 所示。

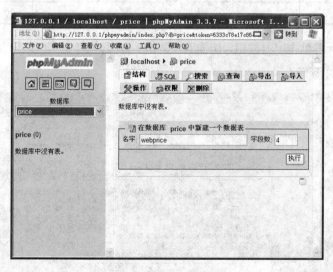

图 3-9 输入数据表名 webprice 和字段数 4

step 07 再单击"执行"按钮,切换到数据表的字段属性设置界面,输入数据字段名以及设置数据字段的相关数据,如图 3-10 所示。各字段的意义如表 3-2 所示(建议读者思考 price 设置为 varchar 的缺点)。这个数据表主要是记录每个产品的基本数据和价格。

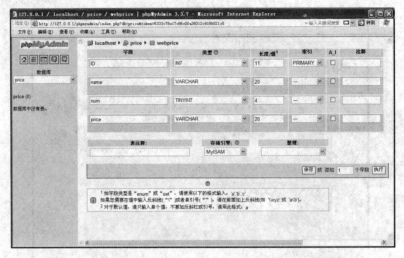

图 3-10 设置 webprice 表各字段的属性

表 3-2　webprice 数据表

字段名称	字段类型	字段大小	说　明
id	int	11	自动编号
name	varchar	20	产品名称
num	tinyint	4	产品数量
price	varchar	20	产品价格

step 08　最后再单击 保存 按钮，切换到"结构"页面，实例将要使用的数据库建立完毕，如图 3-11 所示。

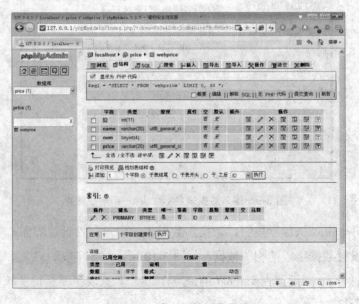

图 3-11　建立的数据库界面

step 09 为了页面制作的调用需要,可以先在数据表里加入 10 笔数据,在数据表中手工加入名为 test1~test10 的 10 个测试产品名,数量和价格也编辑为不同的数据,如图 3-12 所示。

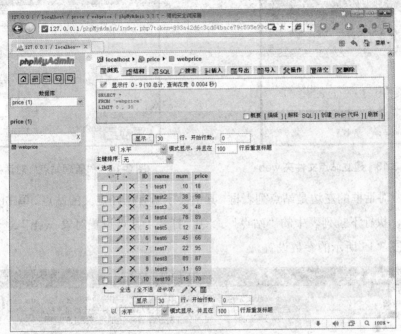

图 3-12　加入 10 笔数据

2.3　定义 web 站点

在 Dreamweaver CS5.5 中创建一个价格查询网站站点 web,由于这是 PHP 数据库网站,因此必须设置本机数据库和测试服务器,主要的设置如表 3-3 所示。

表 3-3　站点设置的基本参数

站点名称	web
本机根目录	C:\Apache\htdocs\web
测试服务器	C:\Apache\htdocs\
网站测试站点	http://127.0.0.1/web/
MySQL 服务器地址	C:\Apache\MySQL-5.0.90\data\price
管理账号/密码	root/admin
数据库名称	webprice

创建 web 站点的具体操作步骤如下。

step 01 在 C:\Apache\htdocs\路径下建立 web 文件夹(如图 3-13 所示),本实例所有建立的网页文件都将放在该文件夹下。

step 02　启动 Dreamweaver CS5.5，执行菜单栏中的"站点"→"管理站点"命令，打开"管理站点"对话框，如图 3-14 所示。

图 3-13　建立站点文件夹 web

图 3-14　"管理站点"对话框

step 03　对话框的左边是站点列表框，其中显示所有已经定义的站点。单击 新建(N)... 按钮，执行下拉列表中的"站点"命令，打开"站点设置对象 web"对话框，进行如图 3-15 所示的参数设置。

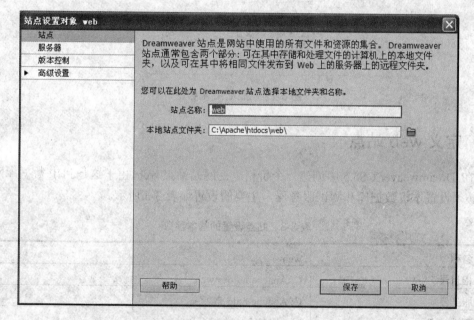

图 3-15　建立 web 站点

step 04　单击列表框中的"服务器"选项，并单击"添加服务器"按钮 ，打开"基本"选项卡，进行如图 3-16 所示的参数设置。

step 05　设置后再单击"高级"选项卡，打开"高级"服务器设置界面，选中"维护同步信息"复选框，在"服务器模型"下拉列表框中选择 PHP MySQL 选项(表示是使用 PHP 开发的网页)，其他的保持默认值，如图 3-17 所示。

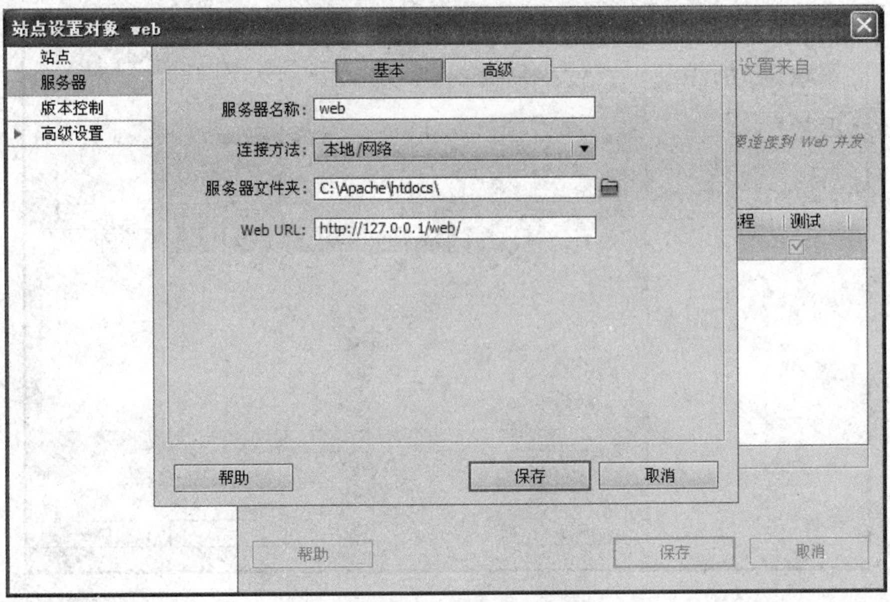

图 3-16 "基本"选项卡的设置

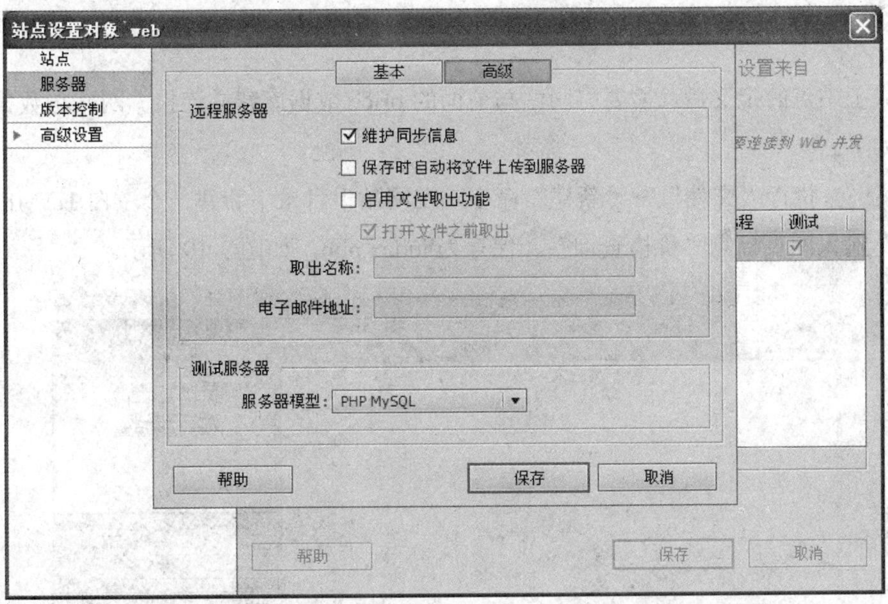

图 3-17 设置"高级"选项卡

step 06　单击 保存 按钮，返回"服务器"设置界面，选中"测试"复选框，如图 3-18 所示。

step 07　单击 保存 按钮，则完成站点的定义设置。在 Dreamweaver CS5.5 中就有了刚才所设置的站点 web。单击 完成(D) 按钮，关闭"管理站点"对话框，这样就完成了 Dreamweaver CS5.5 测试 web 站点的网站环境设置。

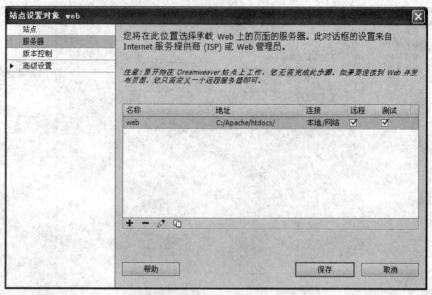

图 3-18 设置"服务器"参数

2.4 建立数据库连接

完成了站点的定义后,需要将网站与前面的 price 数据库建立连接。网站与数据库的连接步骤如下。

step 01 执行"文件"→"新建"命令,在网站根目录下新建一个空白 HTML 文档,输入网页标题"价格查询",保存为 index.php,如图 3-19 所示。

图 3-19 创建空白网页

step 02 执行"窗口"→"数据库"菜单命令,打开"数据库"面板。在"数据库"面板中单击 图标,并在打开的菜单中选择"MySQL 连接"选项,如图 3-20 所示。

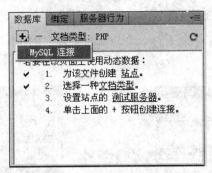

图 3-20 选择"MySQL 连接"

step 03 在"MySQL 连接"对话框中,输入连接名称为"webconn",MySQL 服务器名为"localhost",用户名为"root",密码为"admin"。选择所要建立连接的数据库名称,可以单击 选取... 按钮 浏览 MySQL 服务器上的所有数据库。选择刚导入的范例数据库"price",具体的设置内容如图 3-21 所示。

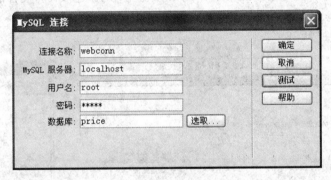

图 3-21 设置 MySQL 连接参数

step 04 单击 测试 按钮测试与 MySQL 数据库的连接是否正确,如果正确,则弹出一个提示消息框,如图 3-22 所示,这表示数据库连接已设置成功。

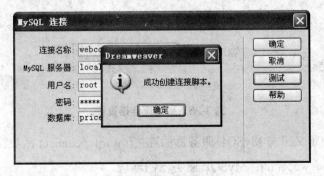

图 3-22 设置成功

单击 确定 按钮，则返回编辑页面，在"数据库"面板中显示绑定过来的数据库，如图 3-23 所示。

在建立完成 MySQL 连接后，在"文件"面板中会看到 Dreamweaver 自动建立了 Connections 文件夹，在该文件夹下有一个与前面所建立的 MySQL 连接名称相同的文件，如图 3-24 所示。

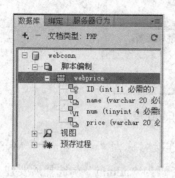

图 3-23 绑定的数据库　　　　　　　图 3-24 自动生成的 webconn.php 文件

Connections 文件夹是 Dreamweaver 用来存放 MySQL 连接设置文件的文件夹。打开该文件夹并使用"代码"视图，可以看到有关连接数据库的设置，如图 3-25 所示。

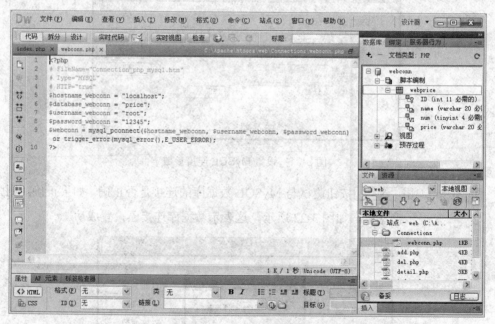

图 3-25 数据库连接设置

在这个文件中定义了与 MySQL 服务器的连接(mysql_pconnect 函数)，包括以下参数。

- $hostname_webconn：MySQL 服务器的地址。
- $database_webconn：连接数据库的名称。

- $username_webconn：用户名称。
- $password_webconn：用户密码。

定义的值与我们前面在图形界面所设置的是对应的，然后利用函数 mysql_pconnect 与数据库连接。连接后才能对数据库进行查询、新增、修改或删除的操作。

在网站制作完成后，将文件上传至网络上的主机空间时，如果发现网络上的 MySQL 服务器访问的用户名、密码等方面与本机设置有所不同，可以直接修改位于 Connection 文件夹下的 webconn.php 文件。

任务 3　动态服务器的行为

3.1　创建新记录集

在每个需要查看数据库记录的页面中，都应为其建立一个"记录集(查询)"，从而可以让 Dreamweaver 知道，目前这个网页中所需要的是数据库中的哪些数据。即便需要的内容一样，在不同的网页中也需要单独建立。同一个数据库只须建立一次 MySQL 连接，但我们可为同一个 MySQL 数据库连接建立多个"记录集"，配合筛选的功能，实现某个记录集只包含数据库中符合某些条件的记录。

打开 index.php 文件后，从菜单栏中选择"窗口"→"绑定"命令，打开"绑定"面板，选择"记录集(查询)"便可以建立记录集。"绑定"面板中的"记录集(查询)"与"服务器行为"面板中的"记录集"是相同的，如图 3-26 所示。

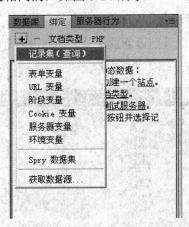

图 3-26　选择"记录集(查询)"

按说明设置各项字段(如图 3-27 所示)，然后单击 测试 按钮，Dreamweaver 会显示目前设置所返回的记录集内的所有记录，字段的功能说明如表 3-4 所示。

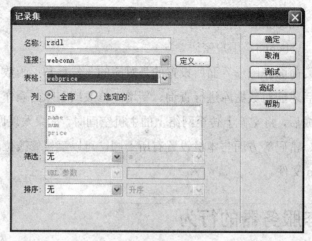

图 3-27 设置记录集

表 3-4 字段与功能说明

字 段	说 明
名称	一般用 Recordset(记录集)的缩写 rs 作为开头
连接	选择所建立的数据库是哪个 MySQL 连接
列	此处显示该数据库连接中所有的数据表,以及所筛选数据表内的所有字段
筛选	是否依据条件筛选记录
排序	是否依照某个字段值排序。例如,在新闻系统中,需要把新的新闻放到前面位置,就可以使用排序的功能

记录集使用到的就是 SELECT 语句,因为查出来的结果有可能会有很多条,所以称为记录集(合),而"筛选"部分则对应 WHERE 子句。

单击 测试 按钮后,可以看到返回的记录。因为没有任何筛选的处理,所以会返回完整的所有记录,如图 3-28 所示。

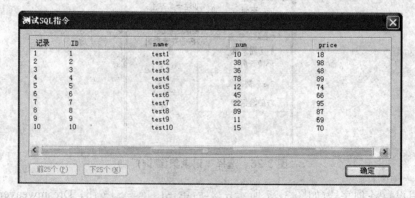

图 3-28 单击"测试"按钮浏览记录集

可以单击 高级... 按钮查看 SQL 语句。可以看到,Dreamweaver 提供了一个基本的图形界面，实际上它会生成相应的程序代码。在高级窗口中可以看到相应的 SQL 语句，另外，还提供了加入变量、修改 SQL 语句的功能，用以满足使用简单图形界面设置无法满足的情况，如图 3-29 所示。

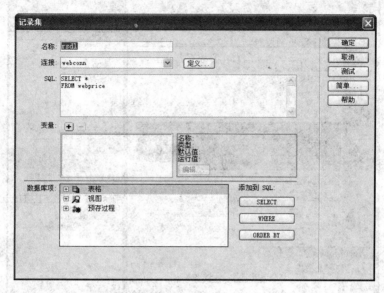

图 3-29　高级记录集窗口

在记录集建立完毕后，我们可以从应用程序的"绑定"面板中查看到目前页面里的所有记录集，以及各种记录集中的字段。

双击记录集，可以重新打开如图 3-30 所示的设置窗口。

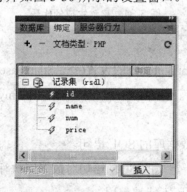

图 3-30　绑定的记录集效果

建立记录集与直接写 SELECT 语句是相同的，将页面切换到"代码"视图，如图 3-31 所示。其中第 1 行 require_once 函数是用来引入文件的，即前面介绍的 webconn.php。在 Dreamweaver 中，若是我们已经定义好数据库连接，那么在其他建立记录集、更新记录、插入记录、删除记录的页面中，这个连接设置文件就会在页面的最前面被引入(这就是为什么在同一个站点中只需要定义一次 MySQL 数据库连接)，因为该文件中所包括的与数据库连接相关的设置需要被使用。

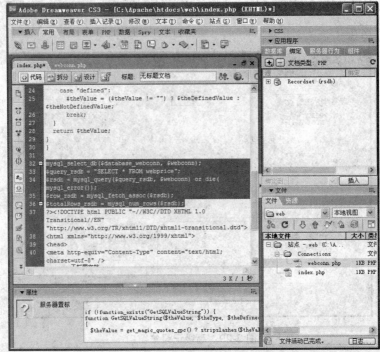

```
32  mysql_select_db($database_webconn, $webconn);
33  $query_rsdb = "SELECT * FROM webprice";
34  $rsdb = mysql_query($query_rsdb, $webconn) or die(mysql_error());
35  $row_rsdb = mysql_fetch_assoc($rsdb);
36  $totalRows_rsdb = mysql_num_rows($rsdb);
```

图 3-31 自动生成的代码

其程序具体分析如下。

(1) 第 32 行引用了 webconn.php 内的设置(变量$database_webconn 与$webconn 都被定义在这个文件中)来选择数据库(mysql_select_db()),随后的 mysql_query()所作用的都是此数据库。

(2) 第 33 行定义了查询数据库的 SQL 语句。

(3) 第 34 行使用 33 行所定义的 SQL 语句对数据库执行查询操作(mysql_query()),此时,返回结果是资源标识符,还不能被使用。

(4) 第 35 行将前面检查的结果以关系型数组形式(mysql_fetch_assoc())传至变量$row_rsdb,然后就可以使用$row_记录集名称['字段名称']来取得记录集字段值。

(5) 第 36 行取得查询结果的记录条数(mysql_num_rows())并赋给变量$totalRows_rsdb。

(6) 最后 mysql_free_result()释放查询结果与占用的内存资源。

上面是 Dreamweaver 连接数据库并执行查询的标准步骤,在 mysql_query($query_rsdb, $webconn) or die(mysql_error())的部分,若 or 前面的语句错误或失败,就执行 or 后面的程序。

所以若数据库查询失败的时候，就会产生错误信息，并终止程序的运行。

在一般 PHP 程序中，典型的连接与查询程序类似下面的例子：

```
Mysql_select_db($database_webconn, $webconn);
$query_rsdb = "SELECT * FROM webprice";
$rsdb = mysql_query($query_rsdb, $webconn) or die(mysql_error());
$row_rsdb = mysql_fetch_assoc($rsdn);
$totalRows_rsdb = mysql_num_rows($rsdb);
Mysql_free_result(rsdb);
```

读者可能会觉得 Dreamweaver 产生出来的程序代码比较复杂，这是因为 Dreamweaver 建立的记录集需要搭配很多服务器行为来使用。

3.2 显示记录功能

要将记录集内的记录(即数据库中的数据)直接显示到网页上，实现的步骤如下。

step 01 在"文件"面板中打开 index.php，在网页中制作一个如图 3-32 所示的 2×4 表格，表格宽度 600 像素，边框粗细 2 像素，然后在"绑定"面板上分别选择记录集中的字段，并拖动到表格的相应单元格中。

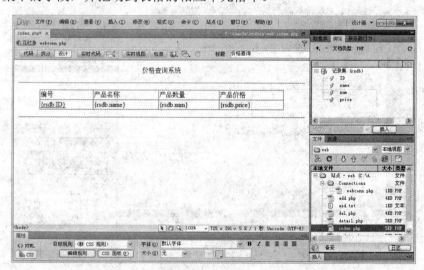

图 3-32 绑定字段

在使用鼠标拖动字段至页面上放开后，会出现如{rsdb.ID}的字样，其中 rsdb 为记录集名称，ID 为字段名称。将产品编号、产品名称、产品数量、产品价格 4 个字段依次分别拖至相应的单元格，然后单击 实时视图 按钮。

视图所呈现的效果与使用浏览器打开网页一样，原本仅显示{记录集名称.字段名称}的部分将会显示出记录集内的记录，如图 3-33 所示。

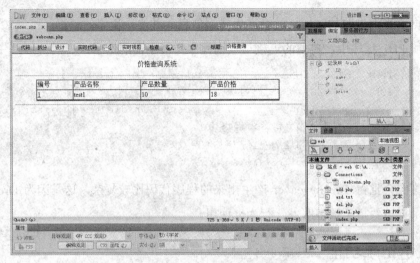

图 3-33 实时视图的效果

step 02 再单击一次 实时视图 按钮,将页面切换到"代码"视图。我们来看看{记录集名称.字段名称}部分的代码,可以看到,程序代码中使用 echo 来输出字段值,如图 3-34 所示。

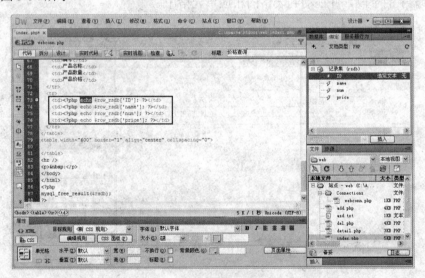

图 3-34 代码视图的效果

3.3 重复区域功能

现在只能看到记录集中的第 1 条记录,那后面的记录怎么显示出来呢?Dreamweaver 提供了"重复区域"及"记录集分页"的功能,只要以鼠标拖动,就可以实现这个功能。

选取需要重复的部分,即表格中的第 2 行,如图 3-35 所示,然后在"服务器行为"面板中单击"添加服务器行为"按钮, 从弹出的下拉菜单中选择"重复区域"命令,如图 3-36 所示。

结果查询系统

编号	产品名称	产品数量	产品价格
{rsdb.ID}	{rsdb.name}	{rsdb.num}	{rsdb.price}

图 3-35 选取表格的第 2 行

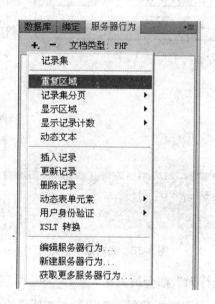

图 3-36 选择"重复区域"命令

应该确认选取的标签为<tr>，因为重复区域会使用 do...while 循环来包围所作用的范围。而需要重复的仅是第 2 行的表格，在 HTML 中，表格的行是使用<tr>标签。确认选取的标签正确，执行时才不会发生错误。

此时会弹出"重复区域"对话框，如图 3-37 所示，要求我们选择要重复记录的记录集，以及需要重复几条记录或显示全部记录。

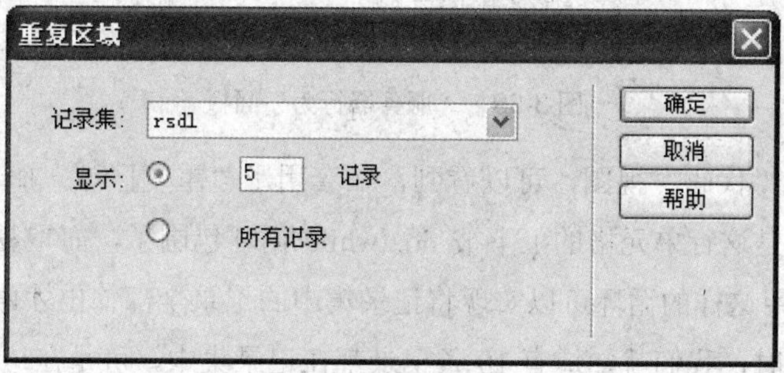

图 3-37 设置重复区域

单击 [确定] 按钮后，同样地选择 [实时视图] 按钮，这时就可以看到原来只有两行的表格已经增长到 6 行，如图 3-38 所示，而记录集内的前 5 条都显示在页面上了。

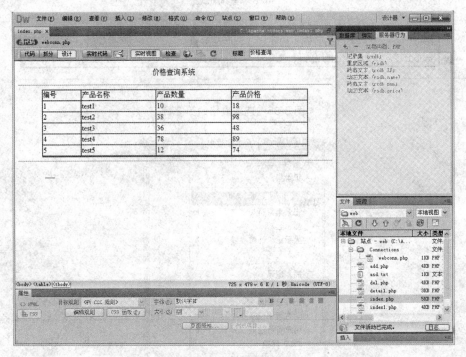

图 3-38 实时效果预览

所有页面上的"服务器行为"都会被列在"窗口"→"服务器行为"面板的清单中，如图 3-39 所示。在本例中，我们选择重复 5 条记录。若要修改重复记录的设置，双击服务器行为清单中的"重复区域"即可。

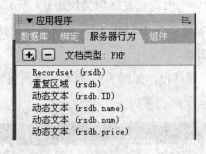

图 3-39 "服务器行为"面板

将页面切换到"代码"视图，可以看到，在套用了"重复区域"服务器行为后，在程序代码中的变化便是这行单元格的上下被 do...while 循环包围了，而重复的条件为第 94 行语句(见图 3-40)，用这样的循环可以实现将记录集中的记录全部输出才停止循环。

在建立记录集时，我们就知道有 10 条记录都在记录集中，可是在这里怎么显示了 5 条记录呢？回头来检查一下代码，如图 3-41 所示。

图 3-40 循环语句

图 3-41 代码窗口

发现数据库查询语句被修改过，在第 42 行变量$query_rsdb 所用的 SQL 语句是以前介绍过的，但在第 43 行，该变量会放到字符串的第一个%s 位置处：

```
$query_limit_rsdb =
  sprintf("%s LIMIT %d, %d", $query_rsdb, $startRow_rsdb, $maxRows_rsdb);
```

由上述代码可知，%s 表示字符串，后面两个%d 表示数值，所要代入的值是$startRow

与$maxRows_rsdb。而$maxRows_rsdb 变量值与我们前面在重复区域所选择的重复 5 条记录是同步的，即第 32 行自动定义了这个变量的值：

```
$maxRows_rsdb = 5;
```

可以知道，Dreamweaver 使用了一堆变量来记录在图形界面中所选择和设置的值，然后使用 LIMIT 子句来实现一次显示指定条数的记录。

3.4 记录集的分页

前面我们已经可以浏览记录集中的第 1～5 条记录了，那剩下的记录如何显示出来呢？下面就介绍记录集分页功能的实现方法。

step 01 在页面下方加上 1×4 的表格，参数与上方表格相同。接着在单元格中分别输入"[第一页]"、"[上一页]"、"[下一页]"、"[最后一页]"的文字，使用鼠标选取"[第一页]"，然后在"服务器行为"面板中单击 按钮，从弹出的下拉菜单中选择"记录集分页"→"移至第一页"命令，如图 3-42 所示。

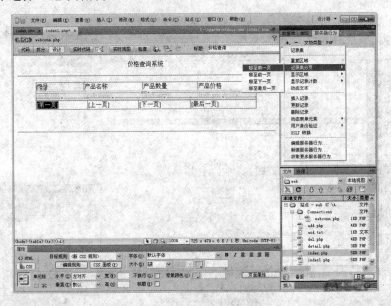

图 3-42 设置为"移至第一页"

step 02 在弹出的对话框中选择记录集，以及确认链接所选的范围，如图 3-43 所示。

step 03 分别为[上一页]、[下一页]、[最后一页]套用"移至上一页"、"移至下一页"、"移至最后一页"的服务器行为。然后按键盘上 F12 键，在浏览器中检查输出结果，如图 3-44 所示。在页面中测试刚刚完成的导航条，可以看到网址后面加了 pageNum_dbrs 与 totalRows_dbrs 两个 URL 变量，它们被用来在分页浏览时与重复区域服务器行为相搭配。

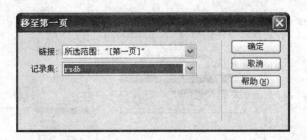

图 3-43 设置为"移至第一页"对话框

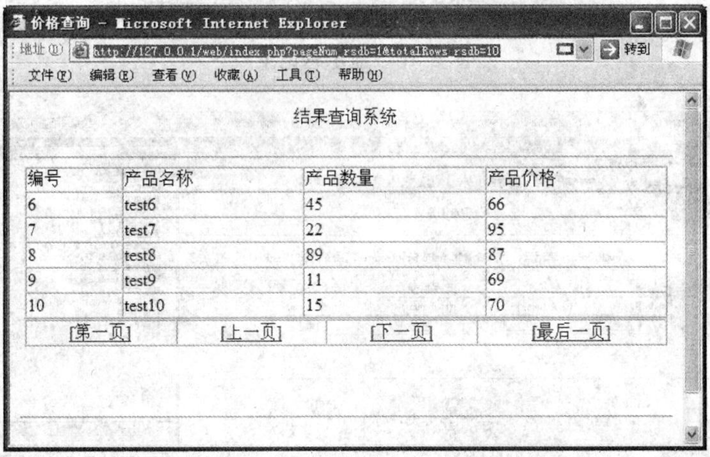

图 3-44 分页浏览效果

也可以在 Dreamweaver 菜单栏中执行"插入"→"数据对象"→"记录集分页"→"记录集导航条"命令，来快速地插入本范例中所建立的记录集导航条。

3.5 显示记录个数

在页面上方分别输入"共有*笔记录，目前查看第*笔至第*笔"，建立起记录集导航条，以便让用户了解有多少页记录，当前正在浏览第几页。

step 01 将插入点置于"共有"和"笔记录"之间，单击"服务器行为"面板中的 + 按钮，从弹出的下拉菜单中选择"显示记录个数"→"显示总记录数"选项，在对话框中选择记录集，单击 确定 按钮，如图 3-45 所示。

step 02 按上述方法，分别在相应位置依次加入"显示起始记录编号"及"显示结束记录编号"行为，完成后的页面如图 3-46 所示。

完成后，当我们浏览该网页时，便会出现"共有 X 笔记录，目前查看第 Y 笔至第 Z 笔"的提示文字，如图 3-47 所示。

也可以在 Dreamweaver 菜单中执行"插入"→"数据对象"→"显示记录集数"→"记录集导航条"命令来快速地插入本例中所要建立的记录集导航条。

图 3-45 显示总记录数

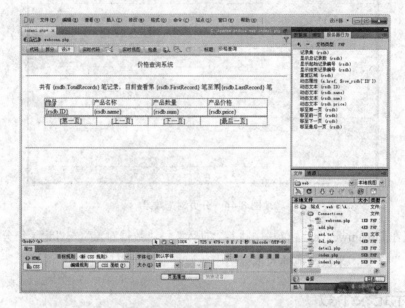

图 3-46 加入统计记录

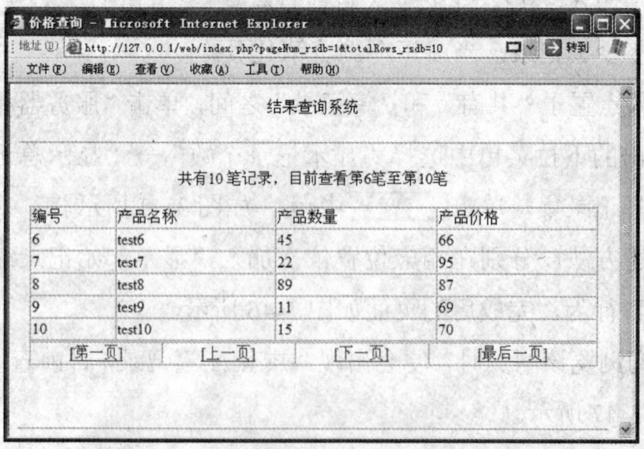

图 3-47 建立导航条效果

3.6 显示区域功能

如果打开的是首页,那么[第一页]与[上一页]的文字链接是没有意义的。下面就来处理这个问题,当不是第一页时,显示[第一页]和[上一页]。当不是最后一页时,显示[下一页]和[最后一页]。

实现的步骤如下。

step 01 选择"[第一页]",在"服务器行为"面板中单击 + 按钮,从弹出的下拉菜单中选择"显示区域"→"如果不是第一页则显示"选项,如图3-48所示,弹出"如果不是第一页则显示"对话框,选择记录集为rsdb,单击 确定 按钮。然后为"[上一页]"也做同样的设置。

图 3-48 选择"如果不是第一页则显示"选项

step 02 选取"[下一页]"链接文字,在"服务器行为"面板中单击 + 按钮,从弹出的下拉菜单中选择"显示区域"→"如果不是最后一页则显示"选项,如图3-49所示,弹出"如果不是最后一页则显示"对话框,选择记录集为rsdb,单击 确定 按钮。最后为"[最后一页]"也做同样的设置。

图 3-49 设置"如果不是最后一页则显示"

step 03 完成后,在每个套用"显示区域"服务器行为的部分会出现"如果符合此条件则显示"的提示文字,如图 3-50 所示。

图 3-50 套用显示区域的效果

step 04 最后,按下 F12 键,在浏览器中检查输出结果,如图 3-51 所示。

注意: 也可以在 Dreamweaver 菜单栏中选择"插入"→"数据对象"→"记录对象"→"记录集(Recordset)分页"→"记录集导航条"命令,来快速地插入一个分页区域。

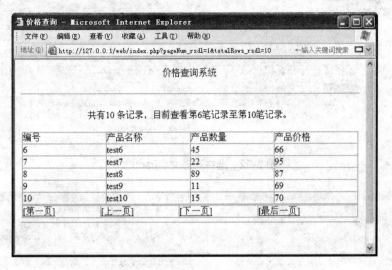

图 3-51 设置显示区域后的效果

3.7 显示详细信息

通常，一个动态网站的数据量是很大的，在很多时候并不会一开始就将数据库所有字段、记录都显示出来。

例如一个新闻系统，在首页只会显示新闻的日期与标题，更详细的新闻内容需要选择标题后进入到另一个页面才能显示。

假设显示新闻标题的页面是 index.php，而显示详细新闻内容的网页名称为 detail.php。当在 index.php 中单击标题的链接后，此时，该超链接会带着一个参数到 detail.php，网址类似于"detail.php?ID=1"。多出的"ID=1"是一个变量名为 ID、值为 1 的 URL 参数，并将记录详细信息显示在网页上。这样就构成了一个简单的新闻系统架构。

要筛选指定的记录，可以在 SQL 中使用 WHERE 子句，在 Dreamweaver 中有相应的图形界面，可以方便使用。下面我们来看看 Dreamweaver 是如何通过传送与接收 URL 参数来筛选出指定记录的。

step 01 使用 Dreamweaver 创建一个空白 detail.php 页面并保存。index.php 中筛选要用来连接到详细信息页面的部分(其实就是选择要在哪里建立超链接)，在本例中，选择编号，即选择{rsdb.ID}动态文字，如图 3-52 所示。

step 02 在下面的"属性"面板中找到建立链接的部分，并单击"浏览文件"图标 ，如图 3-53 所示。

step 03 在弹出的对话框中，选择用来显示详细记录信息的页面 detail.php，如图 3-54 所示。

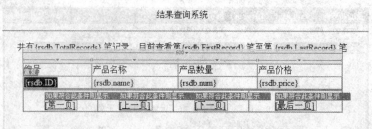

图 3-52 选中动态文字{rsdb.ID}

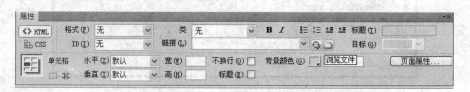

图 3-53 建立链接的设置

图 3-54 设置链接的文件

step 04 如果只是这样,那只会是单纯的超级链接,并没有附带 URL 参数,因此,要单击 参数... 按钮。设置超级链接要附带的 URL 参数的名称与值。本例将参数名称命名为 ID,在设置值的时候,单击图 3-55 文本框右边的图标 。

step 05 选择 URL 参数 ID 所要带的值,因为我们要的是记录集 ID 字段的值,所以选择 ID 字段,如图 3-56 所示,然后单击 确定 按钮。除了记录集字段外,只要是在 "绑定" 面板中所建立的,包括表单变量、URL 变量、Session 变量和 Cookie 变量等,都可以在这里被选择。

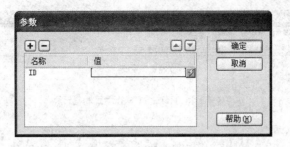

图 3-55 设置参数

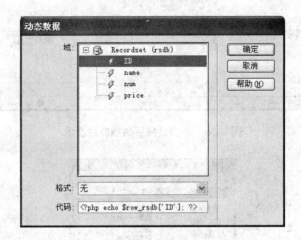

图 3-56 选择 ID 字段

step 06 超级链接的地址变成了 "detail.php?ID=<?php echo $row_rsdb['ID']; ?>",如图 3-57 所示。

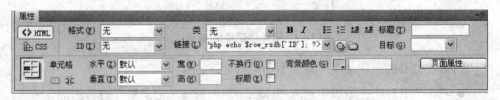

图 3-57 完成后的链接地址

step 07 设置完成后,可以用浏览器打开 index 页面。在 IE 底部的状态栏中可以看到每一条记录的链接都带着 URL 参数 ID,其值是每条记录的 ID,如图 3-58 所示。

前面已经完成了 index.php 页面的制作,下面来设计接收 URL 参数的 detail.php 页面,看看如何用收到的参数来筛选指定的记录。

step 08 新建 detail.php 文档,设计页面,插入 2×5 表格,宽度为 750 像素,然后选择"绑定"面板,单击 ➕ 按钮,从弹出的下拉菜单中选择"记录集(查询)"选项,如图 3-59 所示。

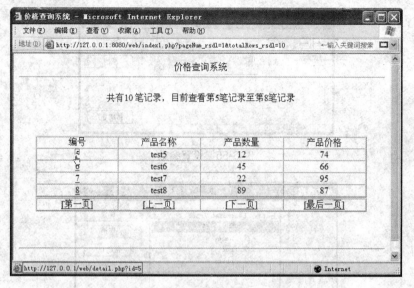

图 3-58　单击链接后的状态栏显示

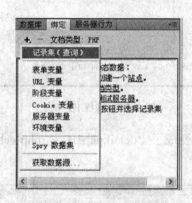

图 3-59　选择"记录集(查询)"

step 09　在打开的"记录集"对话框中进行如下设置：

- 在"名称"文本框中输入"rsdetail"作为该"记录集"的名称。
- 从"连接"下拉列表框中选择"webconn"选项连接对象。
- 从"表格"下拉列表框中选择使用的数据库对象为"webprice"。
- 从"列"选项区中选中"全部"单选按钮。
- 在"筛选"栏中设置记录集过滤条件为"ID"→"="→"URL 参数"→"ID"。

完成后如图 3-60 所示。

step 10　如果想知道 SQL 语句，可以单击 高级... 按钮。在高级界面中查看 SQL 语句，如图 3-61 所示。SQL 语句中的 colname 是一个变量，若筛选的时候有用到变量，Dreamweaver 就会把这个变量名称放在 SQL 语句里，而这个变量的值会是什么呢？就是下面"变量"区域中 colname 的运行值的定义。当网页运行时，colname

将等于 URL 变量 ID 的值($_GET['ID']),所以,当 URL 的变量 ID 值不同时,筛选出的结果也不同。

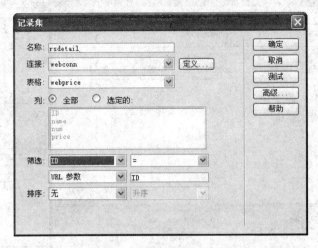

图 3-60　设置 rsdetail 记录集

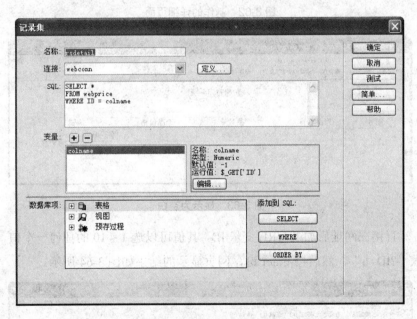

图 3-61　高级"记录集"对话框

step 11　然后单击 确定 按钮,完成记录集的建立。依次把记录集的各字段拖到页面上对应的单元格中,如图 3-62 所示。

step 12　完成后,直接按 F12 键在浏览器中打开 detail.php 页面,发现内容是空白的,如图 3-63 所示。这是怎么回事呢?因为在网址后面没有带着 URL 参数,当然记录集里就不会有任何东西。

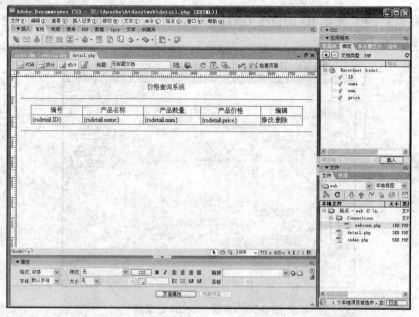

图 3-62　制作的详细页面

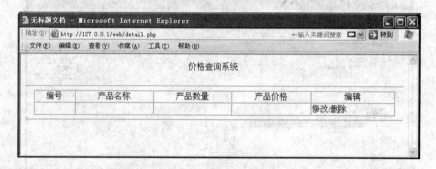

图 3-63　显示为空白

step 13　直接在网址后加上 URL 变量 ID，其值可以选 1～10 的任何一个值，如这里输入 "?ID=6"，然后按 Enter 键，网页显示的结果如图 3-64 所示。

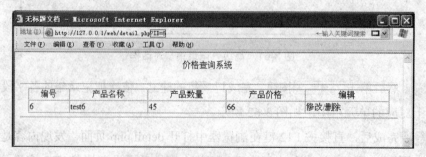

图 3-64　URL 参数 ID=6 时的详细面板

step 14　而在 index.php 中，每一笔记录的网址都带有特定的参数链接到 detail.php，如

图 3-65 所示。

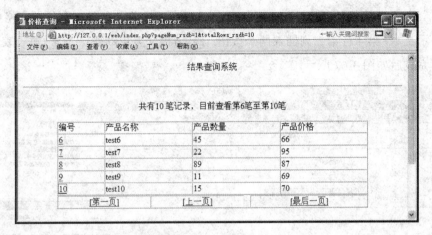

图 3-65　单击编号链接

step 15　例如单击第 10 个链接后，打开指定记录的详细页面，如图 3-66 所示。

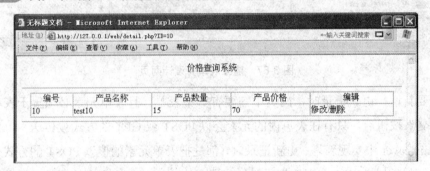

图 3-66　打开指定记录的详细页面

> 注意：这里如果不以编号作为主链接也是可以的，像我们经常使用到的标题，即单击某个新闻标题即可用打开相应的详细页面，采用的就是这种技术。

任务 4　编辑记录集

数据库记录在页面上的显示、重复、分页、计数、显示详细信息的操作已介绍完毕，这里将介绍在 Dreamweaver 中进行增加、修改以及删除记录的操作。

4.1　增加记录的功能

在数据表 webprice 中有 4 个字段，其中 ID 字段为主键，且附加了"自动编号"属性，因此在新增记录时不必考虑 ID 字段，只需增加 3 个值即可。

实现的步骤如下。

step 01 创建一个空白的 PHP 网页，并命名为"add.php"，先添加一个表单，再插入一个 4×2 表格，宽度 300(120+180)，依序在表格前 3 行第一列的单元格中输入提示文本，第 4 行第二列插入两个按钮：提交(提交表单动作)、重置(重设表单动作)，完成后如图 3-67 所示。

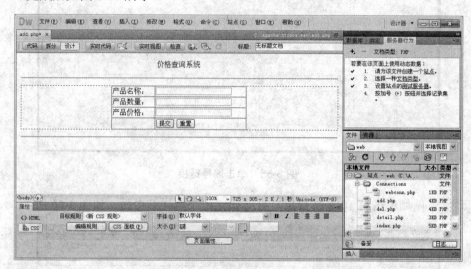

图 3-67　建立表单并设计网页

当需要新增、更新记录时，网页中需要有一个表单，且表单元素必须置于表单内，在单击"提交"按钮后，只有在表单内的元素会以 POST 或 GET 的方式被传送。

Dreamweaver 中实现新增、更新记录时，都是把表单元素的值以 POST 的方式传送给页面，当程序判断到指定字段(新增记录时，字段名为 MM_insert，当使用了"插入记录"服务器行为时，该字段将自动添加)送出了 POST 信息(值为窗体名称)时，便执行新增、更新记录等部分的程序。

step 02 在第二列的 3 个单元格中插入 3 个文本字段，在"属性"面板中命名，如图 3-68 所示，分别是 name、num、price，设计时，要与记录集字段名称一一对应。

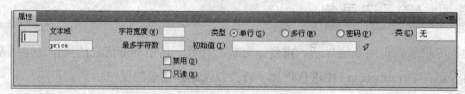

图 3-68　命名文本域

注意：当表单元素的命名与记录集字段符合时，在做"新增记录"、"更新记录"时，Dreamweaver 会自动地将表单元素与记录集字段相匹配。

step 03 打开"服务器行为"面板，单击"添加服务器行为"按钮，从弹出的下拉菜单中选择"插入记录"命令，如图 3-69 所示。

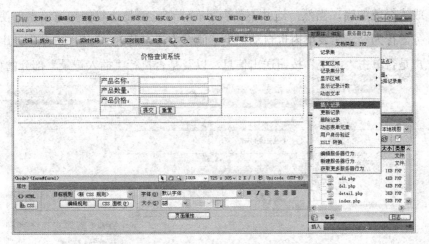

图 3-69　执行"插入记录"命令

step 04　弹出"插入记录"对话框，设置插入记录属性，选择连接为"webconn"，插入表格至"webprice"，这是要设置将记录添加到哪一个数据表中。在选择完数据表后，"列"区域中便会出现该数据表内的所有字段，可以在这里设置哪个数据表字段要从表单中的哪个元素获取值，具体的设置如图 3-70 所示。

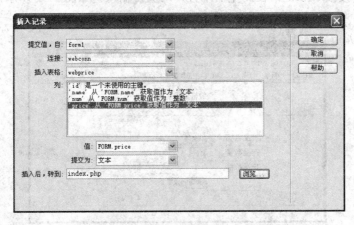

图 3-70　设置"插入记录"对话框

注意：先前将表单元素的名称命名为与数据库字段名称相同，所以在建立"插入记录"时，Dreamweaver 便会自动将它们配对。也可以先选择欲设置的字段，由"值"右方的下拉菜单中选择从哪个表单元素取得值。然后在"插入后，转到"的文本框中填上"index.php"，将表单元素的名称与数据库内的字段名称命名为相同。除了"插入记录"以外，"更新记录"的服务器行为也会将相同名称的数据列与表单元素自动地配对在一起。

step 05　设置完成后，在"服务器行为"面板的列表中就会多出一项插入记录(如图 3-71

所示），可以双击该项重新进行"插入记录"的设置。完成后，网页上的表格会变成浅绿色的底，当然，这并不是表示有错误，而是让我们知道该表单使用了"服务器行为"。在表单内也自动加上了隐藏字段名称为"MM_insert"，用来判断用户是否单击"提交"按钮送出信息，以及是否执行"插入记录"部分的程序代码。

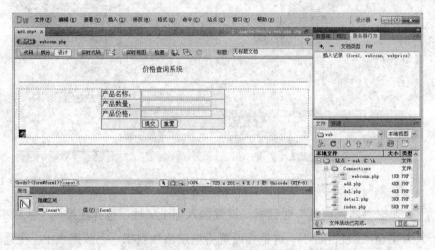

图 3-71　插入记录后的页面效果

step 06　直接按 F12 键，在浏览器中打开网页，输入值如图 3-72 所示，单击"提交"按钮，尝试新增一笔记录。

图 3-72　插入记录数据

step 07　单击"提交"按钮后，网址将从 add.php 转至 index.php。单击网页下方的分页导航条的"最后一页"链接，便可以看到刚才新增的记录，如图 3-73 所示。

我们来简单地来看看这部分的程序代码是怎样实现的。

表单的"动作"为<?php echo $editFormAction; ?>，单击"提交"按钮后，网页将信息以 POST 方式传给自己，如图 3-74 所示。

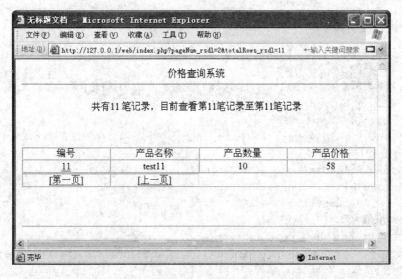

图 3-73 增加记录后的效果

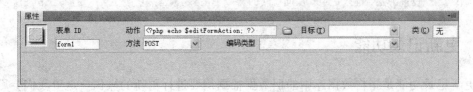

图 3-74 表单的动作参数

接着看到被自动添加的隐藏字段 MM_insert，其值是 form1，与所在网址的表单名称一致，代码的窗口如图 3-75 所示。

图 3-75 代码窗口

核心的代码说明如下：

```
if((isset($_POST["MM_insert"])) && ($_POST["MM_insert"]=="form1"))
{
   // 判断表单变量$_POST["MM_insert"]是否被设置,且值是否等于form1。
   // 若是，则执行下面的插入记录动作
   $insertSQL = sprintf(
     "INSERT INTO webprice (name, num, 'Price') VALUES (%s, %s, %s)",
     //定义了SQL语句
     GetSQLValueString($_POST['name'], "text"),
     GetSQLValueString($_POST['num'], "int"),
     GetSQLValueString($_POST['Price'], "text"));
   // 取值为表单的变量
mysql_select_db($database_webconn, $webconn);
$Result1 = mysql_query($insertSQL, $webconn) or die(mysql_error());
   // 连接数据库执行SQL语句
$insertGoTo = "index.php";
   // 设置了在"插入记录"后面跳转的文件index.php，它被存储在变量$insertGoTo中
```

4.2 更新记录功能

更新记录功能是指将数据库中的旧数据根据需要进行更新的操作。这里我们会用前面已经使用到的 detail.php 文件。

更新记录功能的操作步骤如下：

step 01 打开 detail.php 网页后，选择链接文字"修改"，如图 3-76 所示。

图 3-76 选择链接文字

step 02 在"属性"面板中单击如图 3-77 所示的"浏览文件"图标，为其建立附带 URL

参数的超级链接。

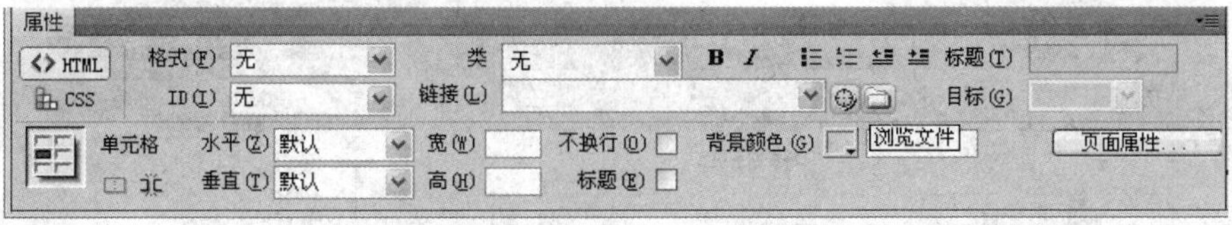

图 3-77 单击"浏览文件"图标

step 03 输入用来更新记录用的 update.php 页面,然后再单击 参数... 按钮,为其建立名称为 id、值是 rsdetail 记录集 ID 字段值的 URL 参数,如图 3-78 所示。

图 3-78 选择文件并设置参数

step 04 单击 确定 按钮,完成后的链接地址如下:

Update.php?ID=<?php echo $row_rsdetail['ID']; ?>

这样就可以传递 ID 到 update.php 页面,如图 3-79 所示。

图 3-79 传递 ID 至 update.php 页面

step 05 创建 update.php 空白文档,该页面的设计与详细信息 detail.php 相同,都是要利用接收到的 URL 参数筛选指定记录。在"服务器行为"面板中,单击 + 按钮,从弹出的下拉菜单中选择"记录集",如图 3-80 所示。

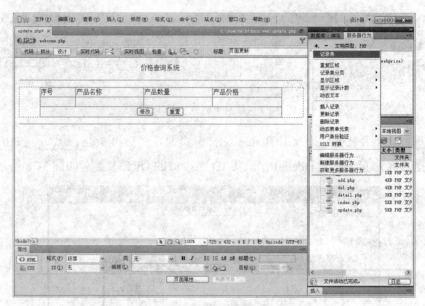

图 3-80 选择"记录集"

step 06 打开"记录集"对话框后,在该对话框中进行如下设置:
- 在名称文本框中输入"rsupdate"作为该"记录集"的名称。
- 从连接下拉列表框中选择"webconn"连接对象。
- 从表格下拉列表框中,选择使用的数据库表对象为"webprice"。
- 在列单选按钮组中选中"全部"单选按钮。
- 在筛选栏中设置记录集过滤条件为"ID"→"="→"URL 参数"→"ID"。

完成后的设置如图 3-81 所示。

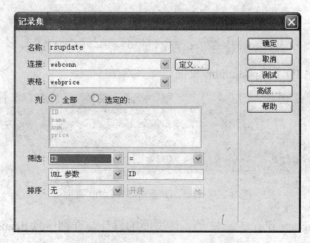

图 3-81 设置"记录集"对话框

step 07 将页面中应该有的表单、文本字段、按钮设置完成,在"绑定"面板中将记录集内的字段拖动至页面上各对应的文本字段中,如图 3-82 所示。

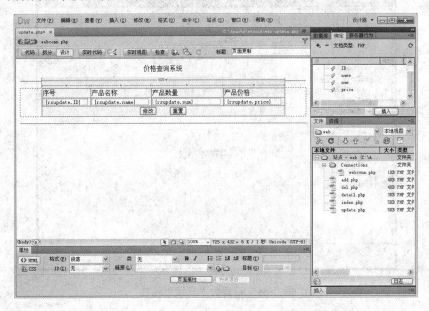

图 3-82 绑定字段

step 08 由于 ID 是主键,不能随便变更主键的值,因此选择 ID 部分的文本字段,单击鼠标右键,从弹出的快捷菜单中选择"编辑标签<input>",如图 3-83 所示。

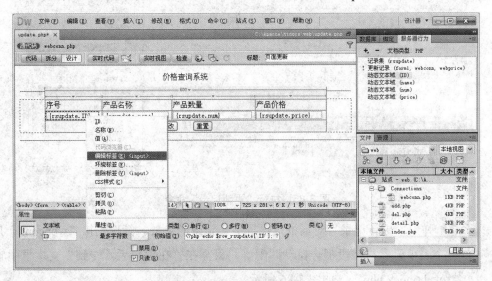

图 3-83 设置"编辑标签"命令

step 09 在"常规"页中进行如图 3-84 所示的设置。通过这样的设置,这个字段便不能被用户修改了。其他字段也依此进行设置,但不选中"只读"复选框。

step 10 在"服务器行为"面板中单击 + 按钮,从弹出的下拉菜单中选择"更新记录"

选项，如图 3-85 所示。

图 3-84　设置为"只读"属性

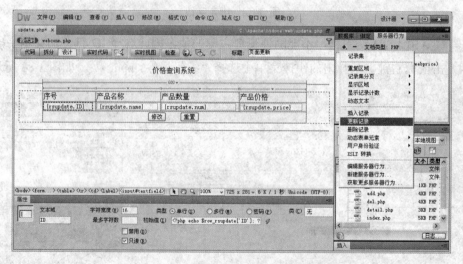

图 3-85　执行"更新记录"命令

step 11　弹出"更新记录"对话框，设置更新记录的参数。筛选连接"webconn"后，每个表单元素与字段都会自动匹配好，只需在"在更新后，转到"文本框中输入"/web/index.php"，如图 3-86 所示。

step 12　单击 确定 按钮，完成后，页面的表格同样会被套上浅绿色的底纹，而表单中也会多出一个隐藏字段，名称为 MM_update，值与表单相同，如图 3-87 所示。

step 13　最后，在浏览器中打开 index.php，选择最后一笔记录到详情页面 detail.php，在详情页面中单击"修改"链接,如图 3-88 所示。

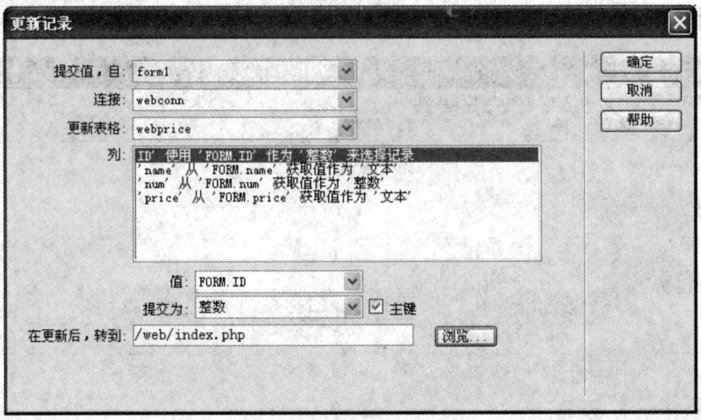

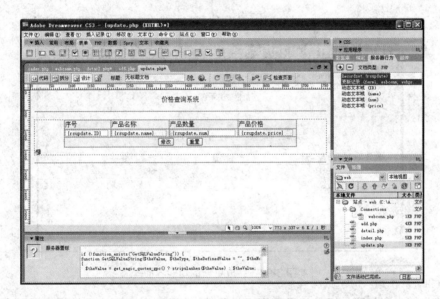

图 3-86 设置更新记录参数

图 3-87 完成的页面效果

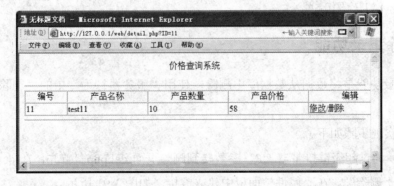

图 3-88 单击"修改"链接

step 14 在 update.php 页面中可以修改姓名、年龄和成绩的字段值，而 ID 文本字段是不能被修改的，更改完成后，单击"修改"按钮，如图 3-89 所示。

图 3-89　修改数据

step 15 返回到 index.php，检查该笔记录是否被正确更新，如图 3-90 所示。

图 3-90　完成更新的功能界面

这部分的程序代码与插入记录的程序代码基本相同，差别只在于隐藏字段的名称不同，使用的是 UPDATE 语句。

4.3　删除记录功能

删除记录功能是将数据从数据库中删除，使用"服务器行为"中的"删除记录"命令即可实现。

具体的实现步骤如下。

step 01 通过超级链接带着 URL 参数转到删除页面 del.php。首先，在 detail.php 中选中"删除"，在"属性"面板中建立链接，如图 3-91 所示。

图 3-91 设置"删除"链接

step 02 因为删除记录还是依据主键的 ID 字段,故选择删除记录所用文件 del.php,并附带 URL 参数,其名称为 ID,值为 rsdetail 记录集的 ID 字段值,如图 3-92 所示。

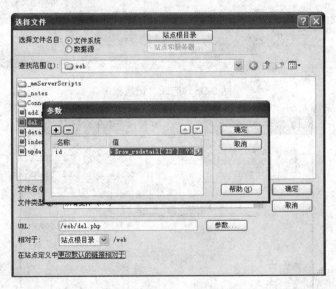

图 3-92 设置传递的参数属性

step 03 单击 确定 按钮,完成 detail.php 的修改工作。创建 del.php 文件,在"绑定"面板中单击 按钮,从弹出的下拉菜单中选择"记录集",如图 3-93 所示。

step 04 会出现"记录集"对话框,在该对话框中进行如下设置:

- 在"名称"文本框中输入"rsdel"作为该记录集的名称。
- 从"连接"下拉列表框中选择"webconn"连接对象。
- 从"表格"下拉列表框中,选择使用的数据表对象为"webprice"。

- 在"列"单选按钮组中选中"全部"单选按钮。
- 在"筛选"栏中设置过滤条件为"ID"→"="→"URL 参数"→"ID"。

完成后的设置如图 3-94 所示。

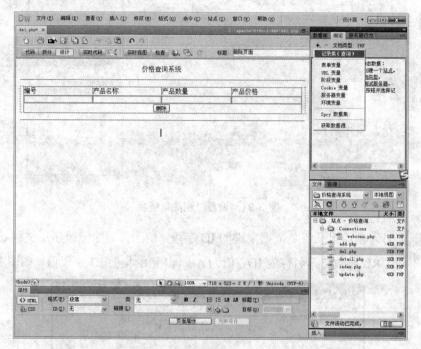

图 3-93 选择"记录集"

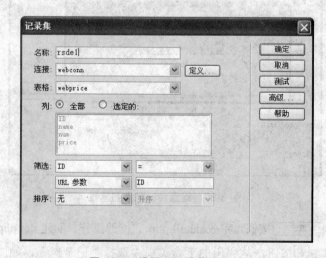

图 3-94 设置"记录集"属性

step 05 将各个记录集字段拖动到页面中所对应的文本框后,将"删除"按钮命名为 Del,然后在"服务器行为"面板中单击 + 按钮,从弹出的下拉菜单中选择"删除记录",如图 3-95 所示。

💡 注意： "主键列"与"主键值"所设置的是删除记录的依据。这里的依据是指在 DELETE FROM 数据表 WHERE 条件里的条件，假设条件是 WHERE ID=11，相应地，可以看成 WHERE 主键列=主键值。在这里，并不一定要选择数据库中的主键来当作主索引字段。

图 3-95 选择"删除记录"

step 06 在弹出的"删除记录"对话框中进行如图 3-96 所示的设置。

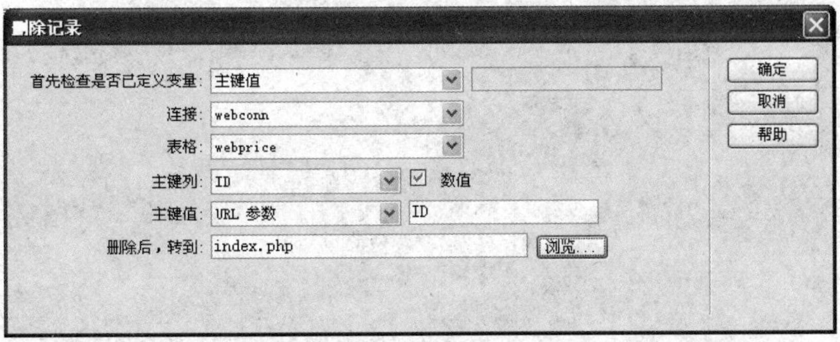

图 3-96 设置删除记录的参数

step 07 单击 确定 按钮，完成设置。

本模块中，我们学习了最基本的 Dreamweaver CS5.5 内置服务器行为的操作和使用，并且了解了其原始程序代码的意义。在后面的章节中，如用户管理系统、留言管理系统、新闻管理系统等，都将用到这些基础的操作。

模块四
用户管理系统实例的设计

在网站建设开发中，第一个要接触的就是用户管理系统的开发，即网站提供给会员注册并能登录进行一些操作的基础功能。

一个典型的用户系统，一般应该有用户注册功能、资料修改功能、取回密码功能及用户注销身份功能等。

本章将把前几章介绍的知识加以灵活应用。本章的实例中主要用到创建数据库和数据库表、建立数据源连接、建立记录集、创建各种动态页面、添加重复区域来显示多条记录、页面之间传递信息、创建导航条、隐藏导航条链接等技巧和方法。

●本模块的任务重点●

- 用户管理系统网站结构的搭建
- 创建数据库和数据库表
- 建立数据源连接
- 掌握用户管理系统中页面之间信息传递的技巧和方法
- 用户管理系统常用功能的设计与实现

任务 1 用户管理系统的规划

在开发用户管理系统之前,要做好整个系统的规划,例如,在注册时需要采集哪些资料,是否提供在线修改密码等操作,这样能够方便后面整个系统的开发与制作。下面就来介绍用户管理系统的整体规划工作。

1.1 页面规划设计

用户管理系统分成用户登录入口与找回密码入口两个部分,其中,mindex.php 是这个网站的首页。在本地的计算机设置站点服务器,在 Dreamweaver CS5.5 的网站环境按 F12 键来浏览网页,或者在 IE 浏览器的地址栏中输入"http://localhost/member/mindex.php"来打开用户系统的首页,其中 member 是站点名。

本实例共有 12 个页面,各个页面的名称和对应的功能如表 4-1 所示。

表 4-1 用户管理系统中各网页的功能

页 面	功 能
mindex.php	用户开始登录的页面
welcome.php	用户登录成功后显示的页面
loginfail.php	用户登录失败后显示的页面
register.php	新用户用来注册个人信息的页面
regok.php	新用户注册成功后显示的页面
regfail.php	新用户注册失败后显示的页面
lostpassword.php	丢失密码后进行密码查询使用的页面
showquestion.php	查询密码时输入提示问题的页面
showpassword.php	答对查询密码问题后显示的页面
userupdate.php	修改用户资料的页面
userupdateok.php	成功更新用户资料后显示的页面
logout.php	退出用户系统的页面

1.2 搭建系统数据库

通过对用户管理系统功能的分析,可以发现,数据库应该包括注册的用户名、注册密码以及一些个人信息,如性别、年龄、E-mail、电话等,所以数据库中必须包含一个容纳上述信息的表,称为"用户信息表",数据库命名为 member。搭建数据库的过程如下。

step 01 在 IE 浏览器地址栏中输入"http://127.0.0.1/phpMyAdmin/",在登录界面输入 MySQL 的用户名"root"和密码"admin",在 phpMyAdmin 管理界面单击选择

数据库命令，打开本地的"数据库"管理页面，在"新建数据库"文本框中输入数据库的名称"member"，单击打开后面的数据库类型下拉菜单，在弹出的选择项中选择 utf8_bin 选项，如图 4-1 所示。单击"创建"按钮创建，返回"常规设置"页面，在数据库列表中已经建立了 member 数据库。

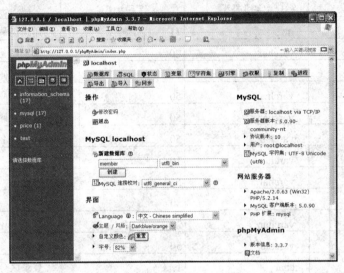

图 4-1 创建 member 数据库

step 02 单击左边的 member 数据库将其连接上，打开"新建数据表"页面，输入数据表名"member"，在"字段数"文本框中输入本数据表的字段数为"12"，表示将创建 12 个字段来储存数据，再单击执行按钮，切换到数据表的字段属性设置页面，输入数据字段名并设置数据字段的相关数据，如图 4-2 所示。

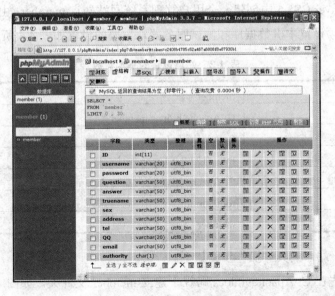

图 4-2 建立 member 数据表

各字段如表 4-2 所示，这个数据表主要是记录每个用户的基本数据、加入的时间，以及登录的账号和密码。

表 4-2 member 数据表

字段名称	字段类型	字段大小	说　明
ID	int	11	用户编码
username	varchar	20	用户账号
password	varchar	20	用户密码
question	varchar	50	找回密码提示
answer	varchar	50	找回密码答案
truename	varchar	50	真实姓名
sex	varchar	10	性别
address	varchar	50	地址
tel	varchar	50	电话
QQ	varchar	20	QQ 号码
email	varchar	50	邮箱
authority	char	1	登录区分

这里创建的数据表有 12 个字段，读者在开发其他用户管理系统的时候，可以根据采集用户信息的需要，加入更多的字段。

1.3 用户管理系统站点

在 Dreamweaver CS5.5 中创建一个用户管理系统网站站点 member，由于这是 PHP 数据库网站，因此必须设置本机数据库和测试服务器，主要的设置如表 4-3 所示。

表 4-3 站点设置的基本参数

站点名称	member
本机根目录	C:\Apache\htdocs\member
测试服务器	C:\Apache\htdocs\
网站测试地址	http://127.0.0.1/member/
MySQL 服务器地址	C:\Apache\MySQL-5.0.90\data\member
管理账号/密码	root/admin
数据库名称	member

创建 member 站点的具体操作步骤如下。

step 01 首先在 C:\Apache\htdocs 路径下建立 member 文件夹，如图 4-3 所示，本单元建立的所有网页文件都将放在该文件夹下。

图 4-3　建立站点文件夹 member

step 02 运行 Dreamweaver CS5.5，执行菜单栏中的"站点"→"管理站点"命令，弹出"管理站点"对话框，如图 4-4 所示。

图 4-4　"管理站点"对话框

step 03 对话框的左边是站点列表框，其中显示所有已经定义的站点。单击 新建(N)... 按钮，弹出"站点设置对象"对话框，进行如图 4-5 所示的参数设置。

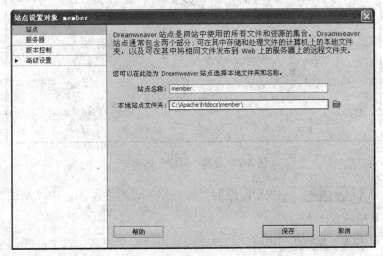

图 4-5　建立 member 站点

step 04 单击左侧列表框中的"服务器"选项，并单击"添加服务器"按钮，打开"基本"选项卡，进行如图 4-6 所示的参数设置。

图 4-6 "基本"选项卡的设置

step 05 设置后,单击"高级"选项卡,打开"高级"服务器设置界面,选中"维护同步信息"复选框,在"服务器模型"下拉列表项中选择 PHP MySQL,表示是使用 PHP 开发的网页,其他的保持默认值,如图 4-7 所示。

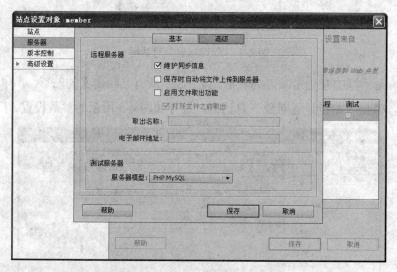

图 4-7 设置"高级"选项卡

step 06 单击 保存 按钮,返回"服务器"设置界面,选中"测试"复选框,如图 4-8 所示。

step 07 单击 保存 按钮,即可完成站点的定义设置,在 Dreamweaver CS5.5 中就有了刚才所设置的站点 member,单击 完成(D) 按钮,关闭"管理站点"对话框,这样就完成了 Dreamweaver CS5.5 测试用户管理系统网页的网站环境设置。

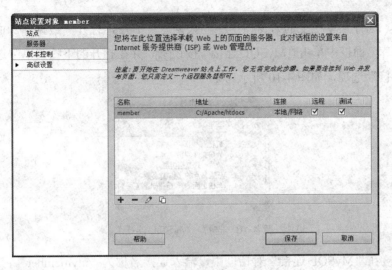

图 4-8 设置"服务器"参数

1.4 设置数据库连接

完成了站点的定义后,接下来就是用户系统网站与数据库之间的连接,网站与数据库的连接设置如下。

step 01 新建空白 PHP 文档,输入网页标题"用户管理系统",保存为"mindex.php",如图 4-9 所示。

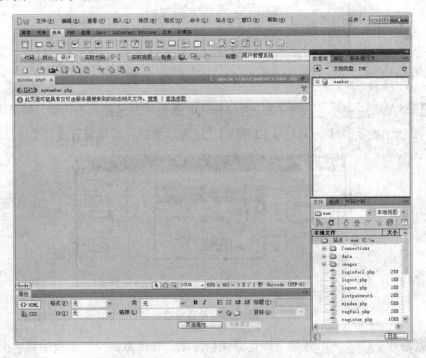

图 4-9 新建 mindex.php 网页

step 02 选择菜单栏上的"窗口"→"数据库"命令,打开"数据库"面板。在"数据库"面板中单击"MySQL 连接"按钮，并在打开的下拉菜单中选择"MySQL 连接"选项,如图 4-10 所示。

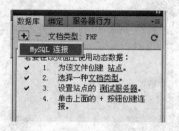

图 4-10 选择"MySQL 连接"

step 03 在"MySQL 连接"对话框中，输入连接名称为"mymember"，MySQL 服务器名为"localhost"，用户名为"root"、密码为"admin"。选择所要建立连接的数据库名称,可以单击 选取... 按钮浏览 MySQL 服务器上的所有数据库,选择刚导入的范例数据库"member",如图 4-11 所示。

图 4-11 设置 MySQL 连接参数

step 04 单击 测试 按钮，测试与 MySQL 数据库的连接是否正确，如果正确，则弹出一个提示消息框(如图 4-12 所示)，这表示数据库连接设置成功了。

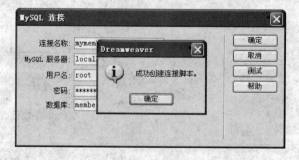

图 4-12 设置成功

step 05 单击 确定 按钮，则返回编辑界面，在"数据库"面板中显示绑定过来的数据库，如图 4-13 所示。

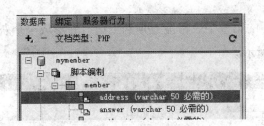

图 4-13 绑定的数据库

任务 2　用户登录功能

这里主要介绍用户登录功能的制作,用户管理系统的第一个功能就是要提供一个所有会员进行登录的窗口。

2.1　设计登录页面

在用户访问该用户管理系统时,首先要进行身份验证,这个功能是靠登录页面来实现的,所以,登录页面中必须有要求用户输入用户名和密码的文本框,以及输入完成后进行登录的"登录"按钮,以及输入错误后重新设置用户名和密码的"重置"按钮。

详细的制作步骤如下。

step 01　打开前面创建的 mindex.php 页面,按图 4-14 所示的效果进行设计。

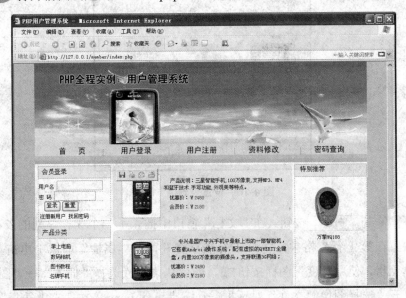

图 4-14　用户登录系统的首页

step 02　从菜单栏选择"修改"→"页面属性"命令,然后在"背景颜色"文本框中输入颜色值为"#cccccc",在"上边距"文本框中输入 0px,这样设置的目的,是为了让页面的第一个表格能置顶到上边,并形成一个灰色底纹的页面,设置情况如图 4-15 所示。

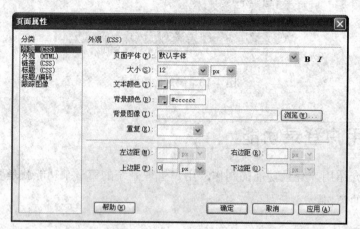

图 4-15 "页面属性"对话框

step 03 设置完成后,单击 确定 按钮,进入"文档"窗口,从菜单栏选择"插入"→"表格"命令,弹出"表格"对话框,按如图 4-16 所示进行参数设置。

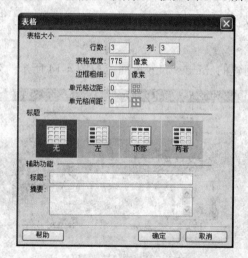

图 4-16 设置"表格"属性

step 04 单击 确定 按钮,在"文档"窗口中插入了一个 3 行 3 列的表格。将鼠标放置在第 1 行表格中,将第 1 行表格合并,在"属性"面板中单击"合并所选单元格,使用跨度"图标按钮,然后从菜单栏选择"插入"→"图像"命令,打开"选择图像源文件"对话框,在站点下的 images 文件夹中选择图片 01.gif,如图 4-17 所示。单击 确定 按钮,把图片插入表格中。

step 05 同样,合并表格第 3 行的所有单元格,选择站点 member 下 images 文件夹中的文件 02.gif 插入其中,插入后的效果如图 4-18 所示。

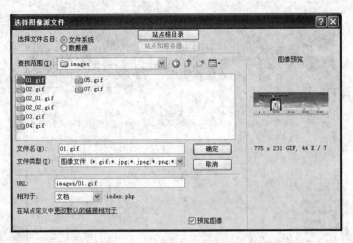

图 4-17 "选择图像源文件"对话框

图 4-18 插入图片后的效果

step 06 选择整个表格,在"属性"面板的"对齐"下拉列表框中,选择"居中对齐"选项,设置表格相对页面水平居中对齐,如图 4-19 所示。

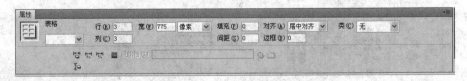

图 4-19 设置"居中对齐"

step 07 选择表格第 2 行第 1 个单元格,在"属性"面板中设置高度为 456 像素、宽度为 179 像素(设置的高度和宽度根据背景图像而定)。切换到代码视图,在<td>标记中增加以下中粗体内容:

```
<td width="179" height="456" background="/member/images/02.gif">
```

说明:单元格设置背景图片只能通过修改标记来完成,效果如图 4-20 所示。

图 4-20　插入图片的效果

step 08　在表格的第 2 行第 2 列和第 3 列中，分别插入同一站点里 images 文件夹中的图片 03.gif 和 04.gif，完成网页的结构搭建，如图 4-21 所示。

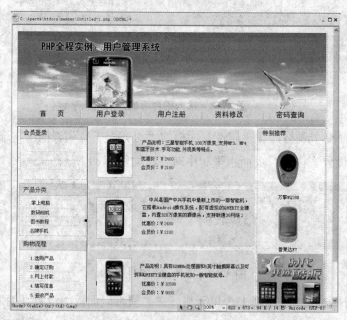

图 4-21　完成的网页背景效果

step 09　单击第 2 行第 1 列单元格，然后单击"文档"窗口上的 拆分 按钮，在<td>和</td>之间加入 valign="top"命令(也可以在属性面板进行垂直对齐方式设置)，使单击后鼠标能够自动地贴至该单元格的最顶部，设置如图 4-22 所示。

图 4-22　设置单元格的对齐方式为最上

> **注意：** 文档工具栏中包含按钮和弹出的菜单，它们提供各种文档"窗口视图"(如"设计"、"拆分"和"代码"视图)、各种查看选项和一些常用操作(如在浏览器中预览)。

step 10 单击"文档"窗口上的 设计 按钮，返回文档窗口的"设计"窗口模式，在刚创建的表格的单元格中，从菜单栏中选择"插入"→"表单"→"表单"命令，如图 4-23 所示，插入一个表单。

图 4-23　执行"表单"命令

step 11 将鼠标指针放置在该表单中，从菜单栏中选择"插入"→"表格"命令，插入一个5行1列的表格，宽度179。表格各行的高度分别是35、23、23、24、24。选择第2行单元格并设置为水平居中对齐。输入文字说明"用户名"，其后插入一个单行文本域表单对象，并定义文本域名为"username"，"文本域"属性的设置如图4-24所示。

图4-24 "文本域"属性的设置

设置文本域的属性说明如下。

(1) 在"文本域"文本框中，为文本域指定一个名称，每个文本域都必须有一个唯一名称。表单对象名称不能包含空格或特殊字符。可以使用字母、数字字符和下划线(_)的任意组合。请注意，为文本域指定的标签是存储该域的值(输入的数据)的变量名，这是发送给服务器进行处理的值。

(2) "字符宽度"设置域中最多可显示的字符数。"最多字符数"指定在域中最多可以输入的字符数，如果保留为空白，则输入不受限制。"字符宽度"可以小于"最多字符数"，但大于字符宽度的输入则不被显示。

(3) "类型"用于指定文本域是"单行"、"多行"，还是"密码"域。单行文本域只能显示一行文字，多行则可以输入多行文字，达到字符宽度后换行，"密码"文本域则用于输入密码。

(4) "初始值"指定在首次载入表单时，域中显示的值。例如，通过包含说明或示例值，可以指示用户在域中输入信息。

(5) "类"可以将CSS规则应用于对象。

step 12 选择第3行单元格，设置为水平居中对齐。输入文字说明"密码"，插入密码文本域表单对象，定义"文本域"名为"password"，"文本域"的属性设置如图4-25所示。

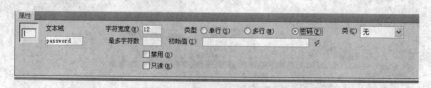

图4-25 密码"文本域"的设置

step 13 选择第4行单元格，设置为水平居中对齐。从菜单栏中选择"插入"→"表单"→"按钮"命令两次，插入两个按钮，并分别在"属性"面板中进行属性设置，一个为登录时用的"提交表单"选项，一个为"重设置单"选项，"属性"的设置如图 4-26 所示。

图 4-26　设置按钮名称

step 14　在第 5 行输入"注册新用户"文本，并设置一个转到用户注册页面 register.php 的链接对象，以方便用户注册，如图 4-27 所示。

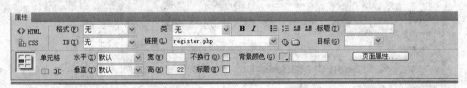

图 4-27　建立链接

step 15　在"注册新用户"文本后输入 4 个空格，接着继续输入"找回密码"文本，并设置一个转到密码查询页面 lostpassword.php 的链接对象，方便用户取回密码，如图 4-28 所示。

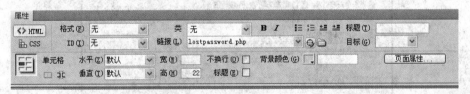

图 4-28　密码查询设置

step 16　表单编辑完成后，下面来编辑该网页的动态内容，使用户可以通过该网页中表单的提交实现登录功能。打开"服务器行为"面板，单击该面板上的"添加服务器行为"按钮，选择"用户身份验证"→"登录用户"，如图 4-29 所示，向该网页添加"登录用户"的服务器行为。

step 17　弹出"登录用户"对话框，各项参数的设置如图 4-30 所示。

该对话框中，各项设置的作用如下：

● 从"从表单获取输入"下拉列表框中选择该服务器行为使用网页中的 form1 对象，设定该用户登录服务器行为的用户数据来源为表单对象中访问者填写的内容。

● 从"用户名字段"下拉列表框中选择文本域 username 对象，设定该用户登录服务器行为的用户名数据来源为表单的 username 文本域中由访问者所输入的内容。

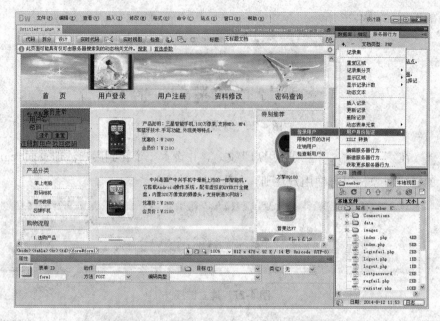

图 4-29 添加"登录用户"的服务器行为

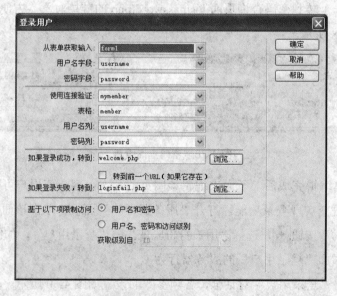

图 4-30 "登录用户"对话框

- 从"密码字段"下拉列表框中选择文本域 password 对象,设定该用户登录服务器行为的用户名数据来源为表单的 password 文本域中访问者输入的内容。
- 从"使用连接验证"下拉列表框中,选择用户登录服务器行为使用的数据源连接对象为 mymember。

- 从"表格"下拉列表框中,选择该用户登录服务器行为使用到的数据库表对象为 member。
- 从"用户名列"下拉列表框中,选择表 member 存储用户名的字段为 username。
- 从"密码列"下拉列表框中,选择表 member 存储用户密码的字段为 password。
- 在"如果登录成功,转到"文本框中输入登录成功后转向 welcome.php 页面。
- 在"如果登录失败,转到"文本框中输入登录失败后转向 loginfail.php 页面。
- 选中"基于以下项限制访问"后面的"用户名和密码"单选按钮,设定后面将根据用户的用户名、密码共同决定其访问网页的权限。

step 18 设置完成后,单击 确定 按钮,关闭该对话框,返回到"文档"窗口。在"服务器行为"面板中就增加了一个"登录用户"行为,如图 4-31 所示。

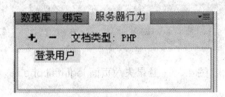

图 4-31 "服务器行为"面板

表单对象对应的属性面板的动作属性值为<?php echo $loginFormAction; ?>,如图 4-32 所示。它的作用就是实现用户登录功能,这是一个 Dreamweaver 自动生成的动作代码。

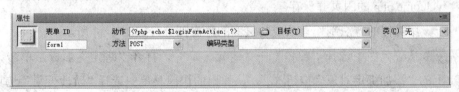

图 4-32 表单对应的属性面板

step 19 从菜单栏中选择"文件"→"保存"命令,将该文档保存到本地站点中,完成网站首页的制作。

2.2 登录成功和失败

当用户输入的登录信息不正确时,就会转到 loginfail.php 页面,显示登录失败的信息。如果用户输入的登录信息正确,就会转到 welcome.php 页面。

(1) 从菜单栏中选择"文件"→"新建"命令,在网站根目录下新建一个名为 loginfail.php 的网页并保存。

(2) 登录失败页面设计如图 4-33 所示。在"文档"窗口中选中"这里"文本,在其对应的"属性"面板上的"链接"文本框中输入"mindex.php",将其设置为指向 mindex.php

页面的链接。

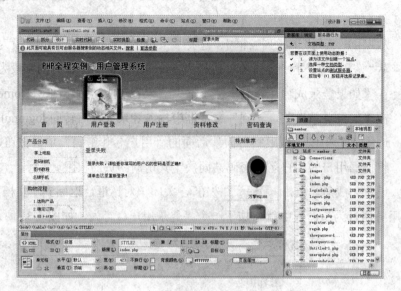

图 4-33　登录失败页面 loginfail.php

(3) 从菜单栏中选择"文件"→"保存"命令，完成 loginfail.php 页面的创建。

制作 welcome.php 页面，详细的制作步骤如下。

step 01　从菜单栏中选择"文件"→"新建"命令，在网站的根目录下新建一个名为 welcome.php 的网页并保存。

step 02　用类似的方法制作登录成功页面的静态部分，如图 4-34 所示。

step 03　从菜单栏中选择"窗口"→"绑定"命令，打开"绑定"面板，单击该面板上的"添加绑定对象"按钮 ，从弹出的快捷菜单中选择"阶段变量"选项，在网页中定义一个阶段变量，如图 4-35 所示。

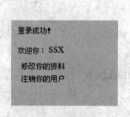

图 4-34　欢迎界面　　　　　图 4-35　添加阶段变量

💡 注意：　阶段变量提供了一种对象，通过这种对象，用户信息得以存储，并使该信息在用户访问的持续时间中对应用程序的所有页都可用。阶段变量还可以提供一种超时形式的安全对象，这种对象在用户账户长时间不活动的情况下，终止该用户的会话。如果用户忘记从 Web 站点注销，这种对象还会释放服务器内存和处理资源。

step 04 打开"阶段变量"对话框。在"名称"文本框中输入"阶段变量"的名称"MM_username"，如图 4-36 所示。

step 05 设置完成后，单击该对话框中的 确定 按钮，在"文档"窗口中通过拖动鼠标选择"XXXXXX"文本，然后在"绑定"面板中选择 MM username 变量，再单击"绑定"面板底部的 插入 按钮，将其插入到该"文档"窗口中设定的位置。插入完毕，可以看到"XXXXXX"文本被{Session.MM_username}占位符代替，如图 4-37 所示。这样，就完成了这个显示登录用户名"阶段变量"的添加工作。

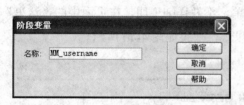

图 4-36 "阶段变量"对话框

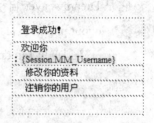

图 4-37 插入后的效果

注意： 设计阶段变量的目的，是在用户登录成功后，登录界面中直接显示用户的名字，使网页更有亲切感。

step 06 在"文档"窗口中拖动鼠标，选中"注销你的用户"文本。在"服务器行为"面板中单击 + 按钮，选择下拉菜单列表中的"用户身份验证"→"注销用户"命令，为所选中的文本添加一个"注销用户"的服务器行为，如图 4-38 所示。

图 4-38 "注销用户"命令

step 07 弹出"注销用户"对话框。在该对话框中进行如图 4-39 所示的设置。

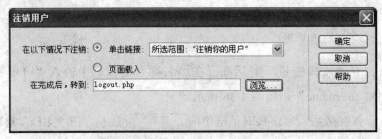

图 4-39　设置完成后的"注销用户"对话框

step 08　设置完成后，单击 确定 按钮，关闭该对话框，返回到"文档"窗口。在"服务器行为"面板中增加了一个"注销用户"行为，同时可以看到"注销用户"链接文本对应的"属性"面板中的"链接"属性值为<?php echo $logoutAction; ?>，它是 Dreamweaver 自动生成的动作对象。

step 09　logout.php 的页面设计比较简单，不做详细说明，在页面中的"这里"处指定一个链接到首页 mindex.php 就可以了，效果如图 4-40 所示。

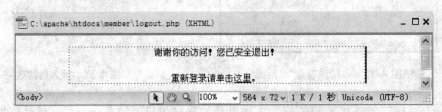

图 4-40　注销用户页面的设计效果

step 10　从菜单栏中选择"文件"→"保存"命令，将该文档保存到本地站点中。编辑工作完成后，就可以测试该用户登录系统的执行情况了。文档中的"修改您的注册资料"链接到 userupdate.php 页面，此页面将在后面进行介绍。

2.3　测试登录功能

制作好一个系统后，需要测试无误，才能上传到服务器中使用。下面就对登录系统进行测试，测试的步骤如下。

step 01　打开 IE 浏览器，在地址栏中输入"http://127.0.0.1/member/mindex.php"，打开 mindex.php 页面，如图 4-41 所示。

step 02　在"用户名"和"密码"文本框中输入用户名及密码，输入完毕，单击"登录"按钮。

step 03　如果在第 02 步中填写的登录信息是错误的，或者根本就没有输入，则浏览器就会转到登录失败页面 loginfail.php，显示登录错误信息，如图 4-42 所示。

step 04　如果输入的用户名和密码都正确，则显示登录成功的页面。这里输入的是前面数据库设置的用户 admin，登录成功后的页面如图 4-43 所示，其中显示了用户名 admin。

step 05 如果想注销用户，只需要单击"注销你的用户"超链接即可。注销用户后，浏览器就会转到 logout.php 页面，然后单击"这里"回到首页，如图 4-44 所示。至此，登录功能就测试完成了。

图 4-41　打开的网站首页

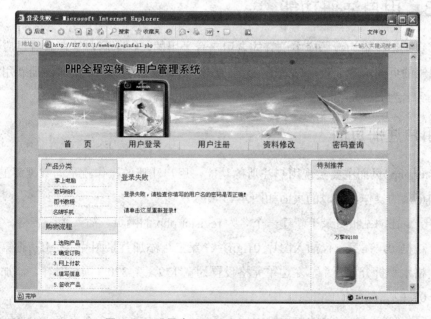

图 4-42　登录失败页面 loginfail.php 的效果

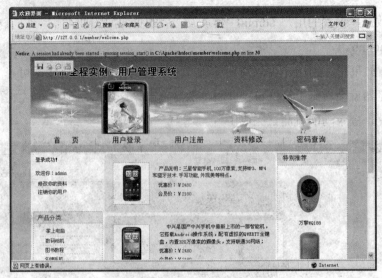

图 4-43 登录成功页面 welcome.php 的效果

图 4-44 单击"这里"

任务 3 用户注册功能

用户登录系统是为数据库中已有的老用户登录用的，一个用户管理系统还应该提供新用户注册用的页面，对于新用户来说，通过单击 mindex.php 页面上的"注册新用户"超链接，进入到名为 register.php 的页面，在该页面可以实现新用户注册功能。

3.1 用户注册页面

register.php 页面主要实现用户注册的功能，用户注册的操作就是向数据库的 member 表中添加记录的操作，完成的页面如图 4-45 所示。

step 01 在网站根目录下新建一个名为 register.php 的网页，插入 3×1 表格，宽度 775，边框 0，在第一行插入图片 01.gif，在第三行添加背景图片 05.gif。把第二行单元格水平拆分成两个，左边单元格设置为宽 179，高 320，顶端对齐，添加背景图片 02_02.gif。

step 02 在第二行右边的单元格中插入表单，表单内插入 13×2 表格，表格宽 65%，居中对齐，第一列单元格的宽度为24%，第二列的宽度为76%。

图 4-45　用户注册页面

step 03　按图 4-46 所示进行表格内容设计。第一行和最后一行执行合并，第一行输入文字"请用户认真填写注册信息！"，最后一行插入两个按钮，注册为提交表单，重写为重设表单，对插入的各文本域，依次在属性面板设置为 username、password、password1、truename、email、tel、QQ、address、answer；单选按钮均为 sex(左边的值为男，已选中；右边的值为女，未选中)，列表为 question，并设置不少于 3 项列表值。在第 12 行文本域的右边单击插入工具栏上的 按钮，插入隐藏域(红框标记的)，在其属性面板设置隐藏区域名为 authority，默认值为 0，即所有的用户注册的时候默认是一般访问用户。

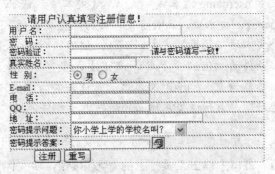

图 4-46　register.php 页面的静态设计

💡 **注意：** 在为表单中的文本域对象命名时，由于表单对象中的内容将被添加到 member 表中，可以将表单对象中的文本域名设置得与数据库中的相应字段名相同，这样做的目的，是当该表单中的内容添加到 member 表中时自动配对，文本"密码验证"对应的文本框命名为 password1。隐藏域是用来收集或发送信息的不可见元素。对于网页的访问者来说，隐藏域是看不见的。当表单被提交时，隐藏域就会将信息用设置时定义的名称和值发送到服务器上。当用户输入的用户名不存在时，即记录集 Recordset1 为空时，就会导致该页面不能正常显示，这时就需要设置隐藏区域。

step 04 还需要设置一个验证表单的动作，用来检查访问者在表单中填写的内容是否满足数据库表 member 中字段的要求。在将用户填写的注册资料提交到服务器之前，会先对用户填写的资料进行验证，如果有不符合要求的信息，可以向访问者显示错误的原因，并让访问者重新输入。

step 05 从菜单栏中选择"窗口"→"服务器行为"命令，则会打开"服务器行为"面板。单击"服务器行为"面板中的"添加服务器行为"按钮 ➕，从打开的行为列表中选择"检查表单"，弹出"检查表单"对话框，如图 4-47 所示。

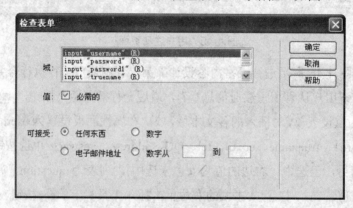

图 4-47 设置"检查表单"对话框

💡 **注意：** 本例中设置 username 文本域、password 文本域、password1 文本域、answer 文本域、truename 文本域、address 文本域为"值:必需的"、"可接受:任何东西"，即这几个文本域必须填写，内容不限，但不能为空；tel 文本域和 qq 文本域设置的验证条件为"值:必需的"、"可接受:数字"，表示这两个文本域必须填写数字，不能为空；e-mail 文本域的验证条件为"值:必需的"、"可接受:电子邮件地址"，表示该文本域必须填写电子邮件地址，且不能为空。

step 06 设置完成后，单击 确定 按钮，完成对检查表单的设置。

step 07 在"文档"窗口中单击工具栏上的 代码 按钮，转到代码编辑窗口，然后在验证表单动作的源代码中修改如下的代码，主要是实现中文汉化的功能：

```
<script type="text/javascript">
//宣告脚本语言为JavaScript
function MM_validateForm(){ //v4.0
  if(document.getElementById){
    var i,p,q,nm,test,num,min,max,errors='',args=MM_validateForm.srguments;
    for(i=0;i<(args.length-2);i+=3){
        test=args[i+2];
        val=document.getElementById(args[i]);
        if(val){
            nm=val.name;
            if((val=val.value)!=''){
                    if(test.indexOf('isEmail')!=-1){
                      p=val.indexOf('@');
                      if(p<1 ||p==(val.length-1)) errors+='_ '+nm+'需要输入邮箱地址.\n';
                    //如果提交的邮箱地址表单中不是邮箱格式则显示为"需要输入邮箱地址";
                    } else if(test!='R'){
                        num=parseFloat(val);
                        if(isNaN(val))      errors+='- '+nm+'需要输入的数字.\n';
                        //如果提交的电话表单中不是数字则显示为"需要输入的数字";
                        if(test.indexOf('inRange')!=-1){
                            p=test.indexOf(':');
                            min=test.substring(8,p);
                            max=test.substring(p+1);
                            if(num<min || max<num)      errors+='- '+nm+'需要输入的数字'+min+'and'+max+'.\n';
                            //如果提交的QQ表单中不是数字则显示为"需要输入的数字";
                        }
                    }
            } else if(test.charAt(0)=='R')      errors+='- '+nm+'需要输入.\n';
        } //如果提交的地址表单为空则显示为"需要输入";
    }//for
    if(errors)        alert('注册时出现如下错误:\n'+errors);
    //如果出错则显示注册时出现如下错误:
    document.MM_returnValue=(errors=='');
  }
}
</script>
```

编辑代码完成后，单击工具栏上的 设计 按钮，返回到"文档"窗口。此时，可以测试一下执行的效果，如果没有输入就单击"提交"按钮，会弹出一个提示信息框，图4-48中的警告信息是告诉访问者需要输入相关的信息。

图4-48 提示信息框

step 08 在该网页中添加一个"插入"的服务器行为。在"服务器行为"面板(若没有则选择"窗口"→"服务器行为"菜单命令调出)，单击面板上的 + 按钮，从弹出的下拉菜单中选择"插入记录"，如图4-49所示，会弹出"插入记录"对话框。

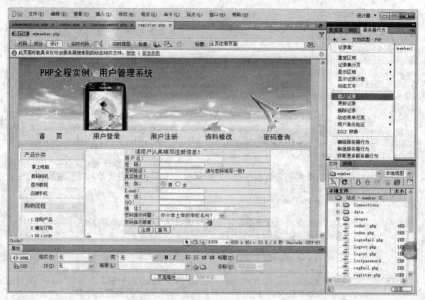

图 4-49 执行"插入记录"操作

step 09 在对话框中进行设置，并将网页中的表单对象与数据库 member 表中的字段一一对应起来，设置完成后，该对话框如图 4-50 所示。

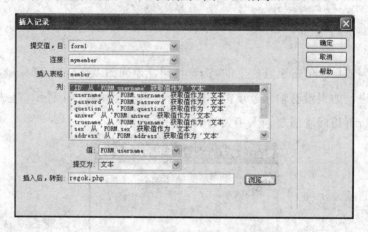

图 4-50 "插入记录"对话框

step 10 设置完成后，单击 确定 按钮，关闭该对话框，返回到"文档"窗口。此时的设计样式如图 4-51 所示。

step 11 用户名是用户登录的身份标志，用户名是不能够重复的，所以在添加记录之前，一定要先在数据库中判断该用户名是否存在，如果存在，则不能进行注册。在 Dreamweaver 中提供了一个检查新用户名的服务器行为，单击"服务器行为"面板上的 + 按钮，从弹出的菜单中，选择"用户身份验证"→"检查新用户名"命令，如图 4-52 所示。

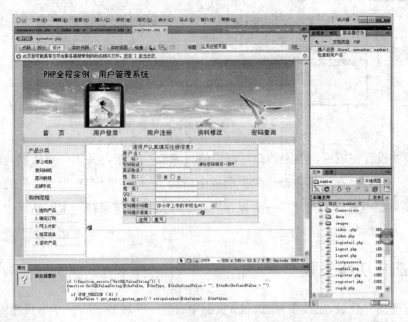

图 4-51 设置插入记录功能后的效果

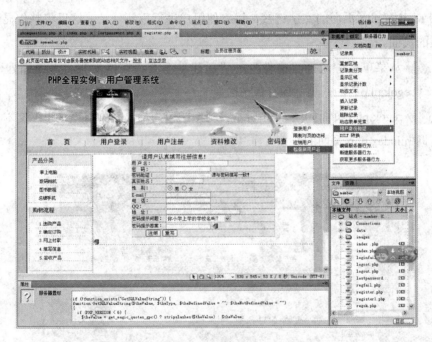

图 4-52 选择"检查新用户名"命令

此时，会弹出一个"检查新用户名"对话框，在"用户名字段"下拉列表框中选择 username 字段，在"如果已存在，则转到"文本框中输入"regfail.php"。表示如果用户名已经存在，则转到 regfail.php 页面，显示注册失败信息，该网页将在后面编辑。设置完成后的对话框如图 4-53 所示。

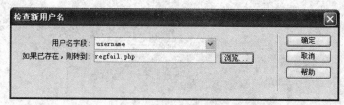

图 4-53 "检查新用户名"对话框

step 12 设置完成后，单击该对话框中的 确定 按钮，关闭该对话框，返回到"文档"窗口。在"服务器行为"面板中增加了一个"检查新用户名"的行为，再从菜单栏中选择"文件"→"保存"命令，将该文档保存到本地站点中，从而完成了本页的制作。

3.2 注册成功和失败

为了方便用户登录，应该在 regok.php 页面中设置一个转到 mindex.php 页面的文字链接，以方便用户进行登录。同时，为了方便访问者重新进行注册，则应该在 regfail.php 页面设置一个转到 register.php 页面的文字链接，以方便用户进行重新登录。这里将制作显示注册成功和失败的页面。

step 01 从菜单栏中选择"文件"→"新建"命令，在网站根目录下新建一个名为"regok.php"的网页并保存。

step 02 regok.php 页面如图 4-54 所示。制作比较简单，其中将"这里"文本设置为指向 mindex.php 页面的链接。

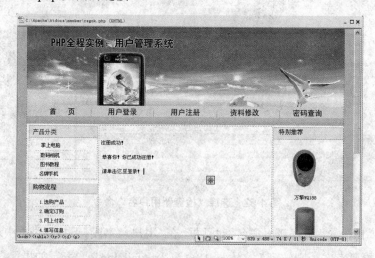

图 4-54 注册成功时使用的 regok.php 页面

step 03 如果用户输入的注册信息不正确，或用户名已经存在，则应该向用户显示注册失败的信息。这里再新建一个 regfail.php 页面，该页面的设计如图 4-55 所示。

其中将"这里"文本设置为指向 register.php 页面的链接。

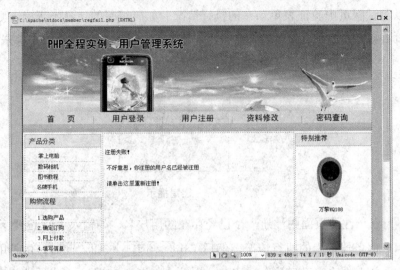

图 4-55　注册失败时使用的 regfail.php 页面

3.3　注册功能的测试

设计完成后，就可以测试该用户注册功能的执行情况了。

step 01　打开 IE 浏览器，在地址栏中输入"http://127.0.0.1/member/register.php"，打开 register.php 文件，如图 4-56 所示。

图 4-56　打开的测试页面

step 02　可以在该注册页面中输入一些不正确的信息，如漏填 username、password 等必填字段，或填写非法的 E-mail 地址，或在确认密码时两次输入的密码不一致，以测试网页中验证表单动作的执行情况。如果填写的信息不正确，则浏览器应该打开提示信息框，向访问者显示错误原因，如图 4-57 所示是一个提示信息框示例。

图 4-57　出错提示

step 03　在该注册页面中注册一个已经存在的用户名，如输入"design"，用来测试新用户服务器行为的执行情况。然后单击 确定 按钮，此时，由于用户名已经存在，浏览器会自动转到 regfail.php 页面，如图 4-58 所示，告诉访问者该用户名已经存在。此时，访问者可以单击"这里"链接文本，返回 register.php 页面，以便重新进行注册。

图 4-58　注册失败时页面的显示

step 04　在该注册页面中填写正确的注册信息。单击 确定 按钮。由于这些注册资料完全正确，而且这个用户名没有重复。浏览器会转到 regok.php 页面，向访问者显示注册成功的信息，如图 4-59 所示。此时，访问者可以单击"这里"链接文本，转到 mindex.php 页面，以便进行登录。

在 MySQL 中打开用户数据库文件 member，查看其中的 member 表对象的内容。此时可以看到，在该表的最后创建了一条新记录，其中的数据就是刚才在网页 register.php 中提交的注册用户的信息，如图 4-60 所示。

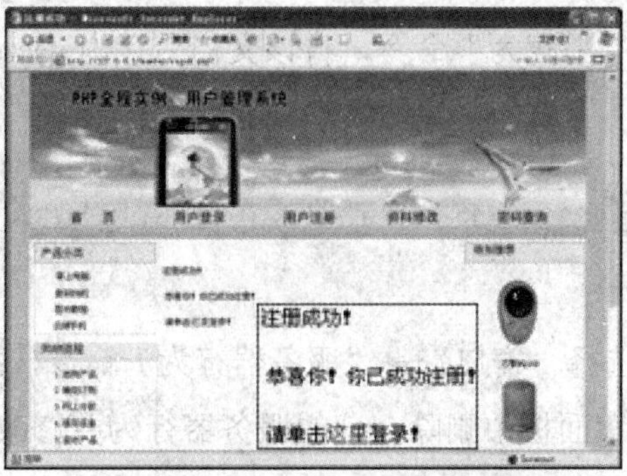

图 4-59 注册成功页面

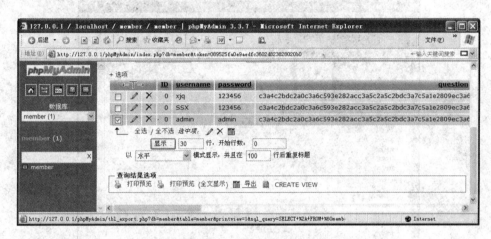

图 4-60 表 member 中添加了一条新记录

至此，基本上完成了用户管理系统中注册功能的开发和测试。在制作的过程中，可以根据制作网站的需要，适当加入其他更多的注册文本域，也可以给需要注册的文本域名称部分添加星号(*)，提醒注册用户注意。

任务 4　修改用户资料

修改注册用户资料的过程，就是往用户数据表中更新记录的过程，本任务重点介绍如何在用户管理系统中实现用户资料的修改功能。

4.1　修改资料的页面

该页面主要把用户的所有资料都列出，通过"更新记录"命令实现资料修改的功能。具体的制作步骤如下。

step 01　修改资料的页面和用户注册页面的结构十分相似，可以通过对 register.php 页面的修改来快速得到所需要的记录更新页面。打开 register.php 页面，从菜单栏中选择"文件"→"另存为"命令，将该文档另存为 userupdate.php，并在第一行加入如下代码：

```
<?php
    session_start();
?> //启动 Session 环境
```

step 02 从菜单栏中选择"窗口"→"服务器行为"命令，打开"服务器行为"面板。在"服务器行为"面板中删除全部的服务器行为并修改其相应的文字，该页面修改完成后，显示效果如图 4-61 所示。

图 4-61　userupdate.php 静态页面

step 03 从菜单栏中选择"窗口"→"绑定"命令，打开"绑定"面板，单击该面板上的 ⊕ 按钮，从弹出的下拉菜单中选择"记录集(查询)"选项，则会打开"记录集"对话框。在该对话框中进行如下设置：

- 在"名称"文本框中输入"upuser"作为该记录集的名称。
- 在"连接"下拉列表框中选择 user 数据源连接对象为"mymember"。
- 在"表格"下拉列表框中，选择使用的数据库表对象为"member"。
- 在"列"单选按钮组中选中"全部"单选按钮。
- 在"筛选"栏中设置记录集过滤的条件为"username"→"="→"阶段变量"→"MM_Username"。

完成后的设置如图 4-62 所示。

step 04 设置完成后，单击该对话框上的 确定 按钮，完成记录集的绑定。

step 05 完成记录集的绑定后，将 upuser 记录集中的字段绑定到页面相应的位置上，注意插入一个隐藏域为 id，设置在用户名字段的后面，如图 4-63 所示。

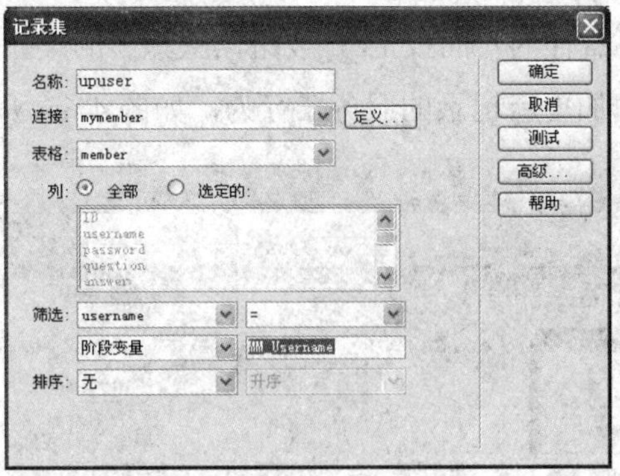

图 4-62　定义 upuser 记录集

图 4-63　绑定动态内容后的 userupdate.php 页面

step 06 对于网页中的单选按钮组 sex 对象，绑定动态数据可以按照如下方法。单击"服务器行为"面板上 按钮，从弹出的下拉菜单中，执行"动态表单元素"→"动态单选按钮"命令，设置动态单选按钮组对象。打开"动态单选按钮组"对话框。从"单选按钮组"下拉列表框中选择 form1 表单中的单选按钮组 sex。单击"选取值等于"文本框后面的 按钮，从弹出的"动态数据"对话框中选择记录集 upuser 中的 sex 字段，同样对提问的问题列表进行动态绑定，如图 4-64 所示。

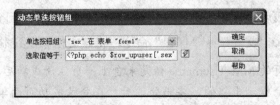

图 4-64　设置"动态单选按钮组"对话框

step 07 单击"服务器行为"面板上 + 按钮,从弹出的下拉菜单中选择"更新记录"选项,为网页添加更新记录的服务器行为,如图 4-65 所示。

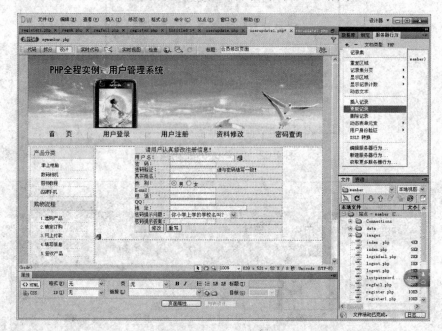

图 4-65 选择"更新记录"选项

step 08 弹出"更新记录"对话框,该对话框与插入记录的对话框十分相似,具体的设置情况如图 4-66 所示,这里不再重复。

图 4-66 "更新记录"对话框

step 09 设置完成后,单击 确定 按钮,关闭该对话框,返回到"文档"窗口。再从菜单栏中选择"文件"→"保存"命令,将该文档保存到本地站点中。

注意: 由于本页的 MM_Username 值是来自上一页注册成功后的用户名值,所以单独测试是会提示出错的,要先登录后,在登录成功页面单击"修改您的注册资料"超链接到该页面才会产生效果,这在后面的测试实例中将进行介绍。

4.2 更新成功页面

用户修改注册资料成功后，就会转到 userupdateok.php。在该网页中，应该向用户显示资料修改成功的信息。除此之外，还应该考虑两种情况：如果用户要继续修改资料，则为其提供一个返回到 userupdate.php 页面的超文本链接；如果用户不需要修改，则为其提供一个转到用户登录页面 mindex.php 页面的超文本链接。具体的制作步骤如下。

step 01 从菜单栏中选择"文件"→"新建"命令，在网站根目录下新建一个名为 userupdateok.php 的网页并保存，在第一行加入如下代码：

```
<?php
    session_start();
?>    //启动 Session 环境
```

step 02 为了向用户提供更加友好的界面，应该在网页中显示用户修改的结果，以供用户检查修改是否正确。我们应该首先定义一个记录集，然后将绑定的记录集插入到网页中相应的位置，其方法跟制作页面 userupdate.php 中的方法一样。通过在表格中添加记录集中的动态数据对象，把用户修改后的信息显示在表格中，这里不做详细说明，可参考前面的内容，最终结果如图 4-67 所示。

图 4-67 更新成功时的页面

4.3 修改资料测试

编辑工作完成后，就可以测试该修改资料功能的执行情况了，测试的步骤如下。

step 01 打开 IE 浏览器，在地址栏中输入"http://127.0.0.1/member/mindex.php"，打开 mindex.php 文件。在该页面中进行登录。登录成功后，进入 welcome.php 页面，

在 welcome.php 页面单击"修改您的资料"超链接，转到 userupdate.php 页面，如图 4-68 所示。

图 4-68　修改 design 用户注册资料

step 02　在该页面中进行一些修改，然后单击"提交"按钮，将修改结果发送到服务器中。当用户记录更新成功后，浏览器会转到 userupdateok.php 页面中，显示修改资料成功的信息，同时还显示该用户修改后的资料信息，并提供转到更新成功页面和转到主页面的链接对象，这里对"真实姓名"进行了修改，单击"修改"按钮转到更新成功页面，效果如图 4-69 所示。

图 4-69　更新成功

上述测试结果表明，用户修改资料页面已经制作成功。

任务 5 查询密码功能

用户注册页面通常会设计问题和答案文本框，它们的作用是当用户忘记密码时，可以通过这个问题和答案到服务器中找回遗失的密码。实现的方法是判断用户提供的答案与数据库中的答案是否相同，如果相同，则可以找回遗失的密码。

5.1 查询密码页面

本节主要制作密码查询页面 lostpassword.php，具体的制作步骤如下。

step 01 从菜单栏中选择"文件"→"新建"命令，然后在网站的根目录下新建一个名为"lostpassword.php"的网页文件并保存。lostpassword.php 页面是用来让用户提交要查询的遗失密码的用户名的页面，该网页的结构比较简单，设计后的效果如图 4-70 所示。

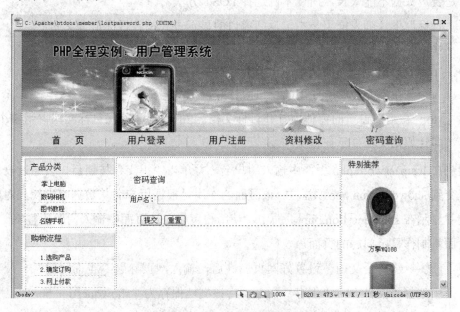

图 4-70 lostpassword.php 页面

step 02 在"文档"窗口中选中表单对象，找到其对应的"属性"面板，在"表单名称"文本框中输入"form1"，在"动作"文本框中输入"showquestion.php"作为该表单提交的对象页面。在"方法"下拉列表框中选择 POST 作为该表单的提交方式，接下来，将输入用户名的文本域命名为"inputname"，如图 4-71 所示。

其中，表单属性设置面板中的主要选项作用如下。

在"表单 ID"文本框中输入标志该表单的唯一名称，命名表单后，就可以使用脚本语言引用或控制该表单了。如果不命名表单，则 Dreamweaver 使用语法 form1、form2、…生成一个名称，并在向页面中添加每个表单时递增 n 的值。

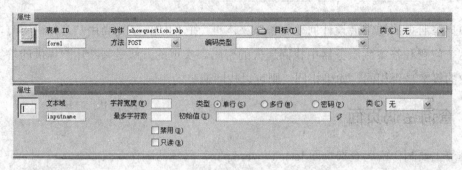

图 4-71　设置表单提交的动态属性

在"方法"下拉列表框中，选择将表单数据传输到服务器的方法。POST 方法将在 HTTP 请求中嵌入表单数据。GET 方法将表单数据附加到请求该页面的 URL 中，是默认设置，但其缺点是表单数据不能太长，所以本例选择 POST 方法。

而"目标"下拉列表框用于指定返回窗口的显示方式，各目标值含义如下。

- _blank：在未命名的新窗口中打开目标文档。
- _parent：在显示当前文档的窗口的父窗口中打开目标文档。
- _self：在提交表单所使用的窗口中打开目标文档。
- _top：在当前窗口的窗体内打开目标文档。此值可用于确保目标文档占用整个窗口，即让原始文档显示在框架中。

用户在 lostpassword.php 页面中输入用户名，并单击"提交"按钮后，会通过表单将用户名提交到 showquestion.php 页面中，该页面的作用是根据用户名从数据库中找到对应的提示问题并显示在 showquestion.php 页面中，使用户可以在该页面中输入问题的答案。

下面就制作显示问题的页面。

step 03 新建一个文档。设置好网页属性后，输入网页标题"查询问题"，从菜单栏中选择"文件"→"保存"命令，将该文档保存为"showquestion.php"。

step 04 在 Dreamweaver 中制作静态网页，完成后的效果如图 4-72 所示。

step 05 在"文档"窗口中选中表单对象，定位到"属性"面板，在"动作"文本框中输入"showpassword.php"作为该表单提交的对象页面。在"方法"下拉列表框中选择 POST 表单提交方式，如图 4-73 所示。将输入密码提示问题答案的文本域命名为"inputanswer"。

step 06 从菜单栏中选择"窗口"→"绑定"命令，打开"绑定"面板，单击该面板上的 ➕ 按钮，从弹出的下拉菜单中选择"记录集(查询)"选项，打开"记录集"对话框。

图 4-72　showquestion.php 的静态设计

图 4-73　设置表单提交的属性

step 07 在"记录集"对话框中进行如下设置：

- 在"名称"文本框中输入"Recordset1"作为该记录集的名称。
- 从"连接"下拉列表框中选择数据源连接对象为"mymember"。
- 从"表格"下拉列表框中选择使用的数据库表对象为"member"。
- 在"列"栏中选中"选定的"单选按钮，然后从下拉列表框中选择"username"和"question"。
- 在"筛选"栏中，设置记录集过滤的条件为"username"→"="→"表单变量"→"inputname"，表示根据数据库中的 username 字段的内容是否与从上一个网页的表单中的 inputname 表单对象传递过来的信息完全一致，来过滤记录对象。

完成后的设置如图 4-74 所示。

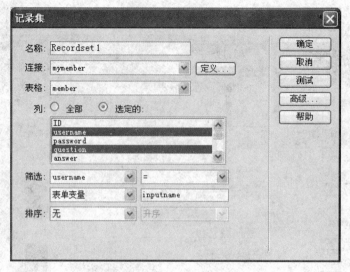

图 4-74 "记录集"对话框

step 08 设置完成后,单击该对话框上的 确定 按钮,关闭该对话框,返回到"文档"窗口。

step 09 将 Recordset1 记录集中的 question 字段绑定到页面上相应的位置,如图 4-75 所示。

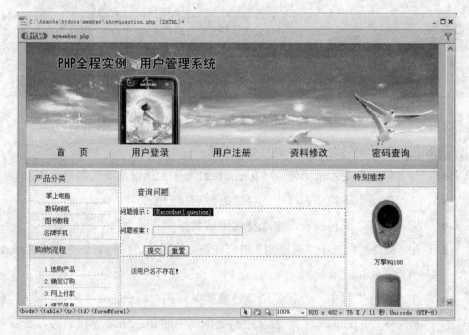

图 4-75 绑定字段

step 10 从菜单栏中选择"插入"→"表单"→"隐藏域"命令,在表单中插入一个表单隐藏域,然后将该隐藏域的名称设置为"username"。

step 11 选中该隐藏域，转到"绑定"面板，将 Recordset1 记录集中的 username 字段绑定到该表单隐藏域中，如图 4-76 所示。

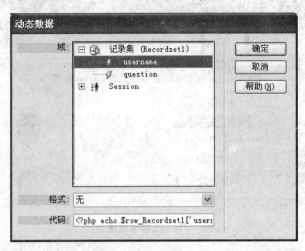

图 4-76 添加表单隐藏域

注意：当用户输入的用户名不存在时，即记录集 Recordset1 为空时，就会导致该页面不能正常显示，这就需要设置隐藏区域。

step 12 在"文档"窗口中选中当用户输入用户名存在时显示的内容即整个表单，然后单击"服务器行为"面板上的 ➕ 按钮，从弹出的下拉菜单中选择"显示区域"→"如果记录集不为空则显示区域"，则会打开"如果记录集不为空则显示"对话框，在该对话框中选择记录集对象为"Recordset1"。这样，只有当记录集 Recordset1 不为空时，才显示出来，如图 4-77 所示。设置完成后，单击 确定 按钮，关闭该对话框，返回到"文档"窗口。

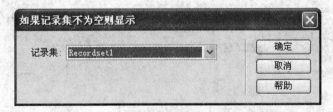

图 4-77 "如果记录集不为空则显示"对话框

step 13 在网页中编辑显示用户名不存在时的文本"该用户名不存在！"，并为这些内容设置一个"如果记录集为空则显示区域"的隐藏区域服务器行为，这样，当记录集 Recordset1 为空时，就显示这些文本，完成后的网页如图 4-78 所示。

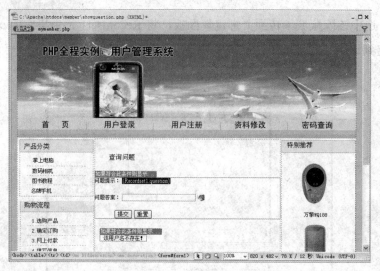

图 4-78 设置隐藏区域

5.2 完善查询功能

当用户在 showquestion.php 页面中输入答案，单击"提交"按钮后，服务器就会把用户名和密码提示问题答案提交到 showpassword.php 页面中。

下面介绍如何设计该页面，具体制作步骤如下。

step 01 选择"文件"→"新建"菜单命令，在网站的根目录下新建一个名为"showpassword.php"的网页并保存。

step 02 在 Dreamweaver 中，使用提供的制作静态网页的工具完成如图 4-79 所示的静态部分。

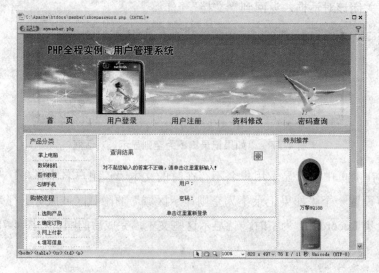

图 4-79 showpassword.php 页面的静态设计

step 03 从菜单栏中选择"窗口"→"绑定"命令,打开"绑定"面板,单击该面板上➕按钮,从弹出的下拉菜单中选择"记录集(查询)"选项,则会打开"记录集"对话框。

step 04 在该对话框中进行如下设置:

- 在"名称"文本框中输入"Recordset1"作为该记录集的名称。
- 从"连接"下拉列表框中,选择数据源连接对象 mymember。
- 从"表格"下拉列表框中,选择使用的数据库表对象为 member。
- 在"列"栏中,先选择"选定的"单选按钮,然后选择字段列表框中的 username、password 和 answer 这 3 个字段就行了。
- 在"筛选"栏中设置记录集过滤的条件为"answer"→"="→"表单变量"→"inputanswer",表示将会根据数据库中 answer 字段的内容是否与从上一个网页的表单中的 inputanswer 表单对象传递过来的信息完全一致,来过滤记录对象。

完成后的设置情况如图 4-80 所示。

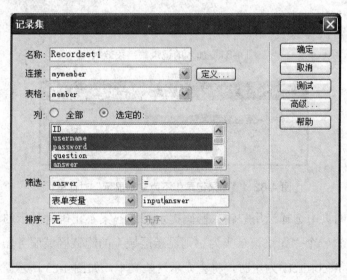

图 4-80 设置"记录集"对话框

step 05 单击 确定 按钮,关闭该对话框,返回到"文档"窗口。

step 06 将记录集的 username 和 password 字段分别添加到网页中,如图 4-81 所示。

step 07 同样需要根据记录集 Recordset1 是否为空,为该网页中的内容设置隐藏区域的服务器行为。在"文档"窗口中,选中当用户输入密码提示问题答案正确时显示的内容,然后单击"服务器行为"面板上的"添加服务器行为"➕按钮,从弹出的下拉菜单中执行"显示区域"→"如果记录集不为空则显示区域"命令,打开"如果记录集不为空则显示"对话框,在该对话框中,选择记录集对象为"Recordset1"。这样,只有当记录集 Recordset1 不为空时,才显示出来,如图4-82所示。设置完成后,单击 确定 按钮,关闭该对话框,返回到"文档"窗口。

图 4-81 加入的记录集字段效果

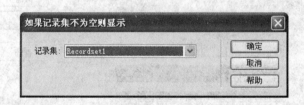

图 4-82 "如果记录集不为空则显示"对话框

step 08 在网页中选择当用户输入密码提示问题答案不正确时显示的内容,并为这些内容设置一个"如果记录集为空则显示区域"的隐藏区域服务器行为,这样,当记录集 Recordset1 为空时,将会显示这些文本,如图 4-83 所示。

图 4-83 "如果记录集为空则显示"对话框

step 09 完成后的网页如图 4-84 所示。从菜单栏中选择"文件"→"保存"命令,将该文档保存到本地站点中。

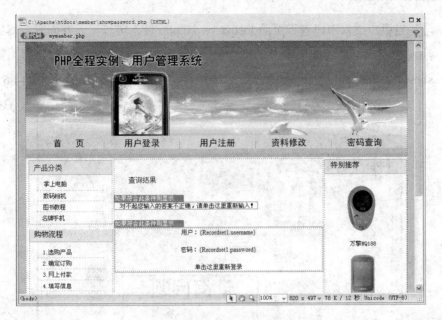

图 4-84　完成后的网页效果

5.3　查询密码功能

开发完成查询密码的功能后，就可以测试执行的情况了，进行测试的步骤如下。

step 01 启动浏览器，在地址中输入"http://127.0.0.1/member/mindex.php"，打开 mindex.php 首页，单击该页面中的"找回密码"超链接，进入找回密码页面，如图 4-85 所示。

图 4-85　输入要查询的用户名

step 02 当用户进入密码查询页面 lostpassword.php 后,可以输入并向服务器提交自己注册的用户信息。如果输入了不存在的用户名,单击"提交"按钮时,则会转到 showquestion.php 页面,该页面显示出用户不存在的错误信息,如图 4-86 所示。

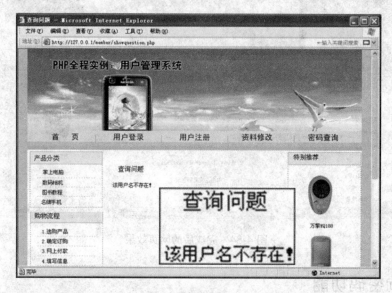

图 4-86　输入的用户不存在

step 03 如果输入一个数据库中已经存在的用户名,然后单击"提交"按钮,则 IE 浏览器会自动跳转到 showquestion.php 页面,如图 4-87 所示。然后就应该在 showquestion.php 页面中输入问题答案,测试 showquestion.php 页面的执行情况。

图 4-87　showquestion.php 页面

step 04 在这里,可以先输入一个错误答案,检查 showquestion.php 是否能够显示问题答案不正确时的错误信息,如图 4-88 所示。

step 05 如果在 showquestion.php 页面中输入正确的答案,并单击"提交"按钮后,浏览器就会转到 showpassword.php 页面,并显示出该用户的密码,如图 4-89 所示。

图 4-88　出错信息

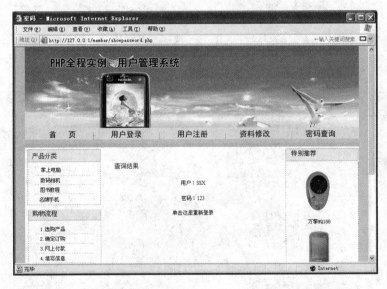

图 4-89　showpassword.php 页面

上述测试结果表明，密码查询系统已经制作成功。

用户管理系统的常用功能都已经设计并测试成功，读者如果需要将其应用到其他的网站上，只需要修改一些相关的文字说明及背景效果，就可以完成用户管理系统的制作，在注册的字段采集时，也可以根据网站的需求进一步增加数据表字段的值。

模块五
留言簿管理系统实例的设计

网站留言簿管理系统的功能主要是实现网站的访问者与网站管理者之间的交互。访问者可以提出任何意见和发出相关信息，管理者可以在后台及时回复。因此，要想开发 PHP 动态网站，对留言簿管理系统的学习也是不可少的。

本单元就使用 PHP 开发一个可以进行留言并进行回复的留言簿管理系统，开发的技术主要涉及数据库留言信息的插入、回复和修改信息的更新等，在设计回复时间时，还会涉及到一些关于 PHP 时间函数的设置问题。

● 本模块的任务重点 ●

留言簿管理系统的整体规划
留言簿数据库的建立方法
留言簿管理系统常用功能的设计
后台管理系统的设计

任务 1 留言簿管理系统的规划

留言簿管理系统的主要功能是在首页上显示留言,管理者能对留言进行回复、修改和删除,因此,一个完整的留言簿管理系统分为访问者留言模块和管理者登录模块两部分。

1.1 页面规划设计

在本地建立站点文件夹 gbook,要制作的留言簿系统文件及文件夹如图 5-1 所示。

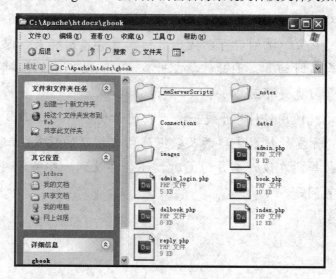

图 5-1 规划站点文件

本系统共有 6 个页面,各页面的功能与对应的文件名称如表 5-1 所示。

表 5-1 系统页面说明

页面名称	功　能
index.php	显示留言内容和管理者回复内容
book.php	提供用户发表留言的页面
admin_login.php	管理者登录留言簿系统的入口页面
admin.php	管理者对留言的内容进行管理的页面
reply.php	管理者对一留言内容进行回复的页面
delbook.php	管理者对一些非法留言进行删除的页面

1.2 系统页面设计

在网页美工方面,主要设计了首页和次级页面,采用的是标准的左右布局结构,留言页面的效果如图 5-2 所示。

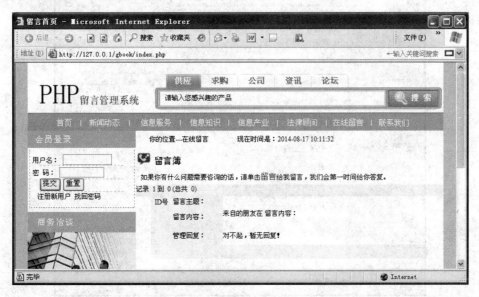

图 5-2　留言簿管理系统的首页

任务 2　系统数据库的设计

制作留言簿管理系统时，首先要设计一个存储访问者的留言内容、管理员对留言信息的回复及管理账号、密码的数据库文件 gbook，以方便管理和使用。

2.1　数据库设计

本数据库主要包括"留言信息意见表"和"管理信息表"两个数据表，"留言信息意见表"命名为 gbook，"管理信息表"命名为 admin。

操作步骤如下。

step 01 在 phpMyAdmin 中建立数据库 gbook，单击 数据库 命令打开本地"数据库"管理页面，在"新建数据库"文本框中输入数据库的名称 gbook，单击后面的数据库类型下拉列表框，在弹出的下拉菜单中选择 utf8_general_ci 选项，单击 创建 按钮，返回"常规设置"页面，在数据库列表中就已经建立了 gbook 数据库，如图 5-3 所示。

step 02 单击左边的 gbook 数据库，将其连接上，打开"新建数据表"页面，分别输入数据表名"gbook"和"admin"(即创建两个数据表)。输入字段名并设置数据类型等相关内容，如图 5-4 所示。gbook 表的字段结构如表 5-2 所示。

图 5-3 建立数据库

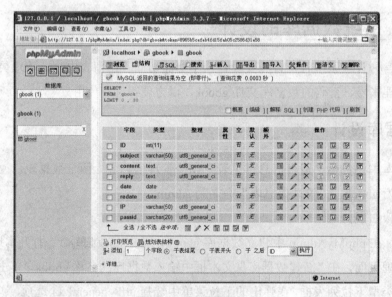

图 5-4 创建数据表 gbook

表 5-2 留言信息意见表 gbook

字段名称	数据类型	字段大小	必填字段
ID	integer	11	是(自动编号)
subject	varchar	50	是
content	text		是

续表

字段名称	数据类型	字段大小	必填字段
reply	text		
date	date		是
redate	date		
IP	varchar	50	是
passid	varchar	20	是

step 03 创建 admin 数据表，参见表 5-3，用于后台管理者登录验证，输入数据域名以及设置数据域位的相关数据，如图 5-5 所示。

表 5-3 管理信息数据表 admin

字段名称	数据类型	字段大小	必填字段
id	integer	长整型	
username	int	50	是
password	int	50	是

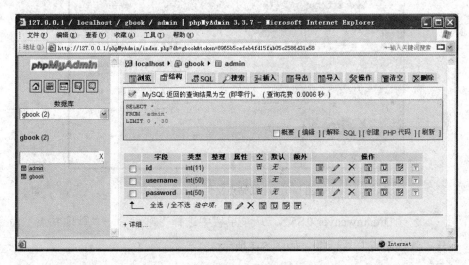

图 5-5 创建的 admin 数据表

数据库创建完毕以后，对于本系统而言，下一步是如何取得访问者的 IP 地址。

2.2 定义系统站点

在 Dreamweaver CS5.5 中创建一个"留言簿管理系统"网站站点 gbook，由于这是 PHP 数据库网站，因此必须设置本机数据库和测试服务器，主要的设置如表 5-4 所示。

表 5-4　站点设置的基本参数

站点名称	gbook
本机构目录	C:\Apache\htdocs\gbook
测试服务器	C:\Apache\htdocs\
网站测试地址	http://127.0.0.1/gbook/
MySQL 服务器地址	C:\apache\MySQL-5.0.90\data\gbook
管理账号/密码	root/admin
数据库名称	gbook

创建 gbook 站点的具体操作步骤如下。

step 01　首先在 C:\Apache\htdocs 路径下建立 gbook 文件夹(如图 5-6 所示)，本章建立的所有网页文件都将放在该文件夹下。

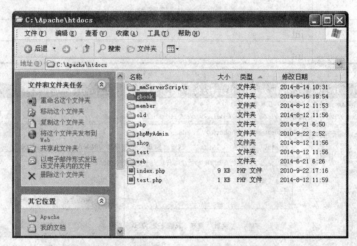

图 5-6　建立站点文件夹 gbook

step 02　运行 Dreamweaver CS5.5，从菜单栏中选择"站点"→"管理站点"命令，打开"管理站点"对话框，如图 5-7 所示。

图 5-7　"管理站点"对话框

step 03 对话框的左边是站点列表框,其中显示了所有已经定义的站点。单击 新建(N)... 按钮,打开"站点设置对象"对话框,进行如图 5-8 所示的参数设置。

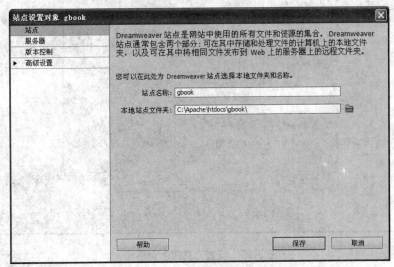

图 5-8 建立 gbook 站点

step 04 单击列表框中的"服务器"选项,并单击"添加服务器"按钮➕,打开"基本"选项卡,进行如图 5-9 所示的参数设置。

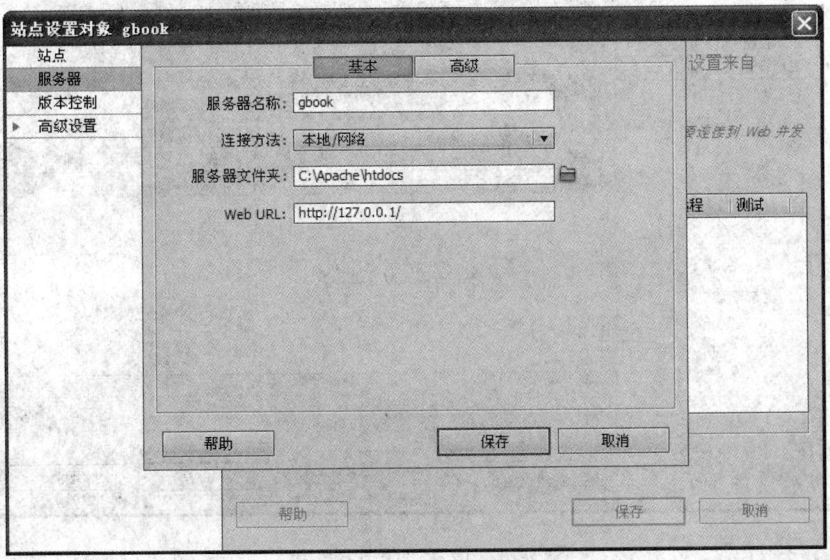

图 5-9 设置"基本"选项卡

step 05 设置后,再单击"高级"选项卡,打开"高级"服务器设置对话框,选中"维护同步信息"复选框,在"服务器模型"下拉列表框中选择 PHP MySQL 选项,表示是使用 PHP 开发的网页,其他的保持默认值,如图 5-10 所示。

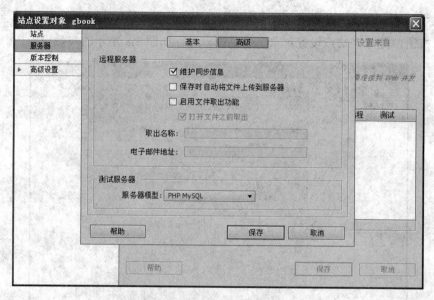

图 5-10 设置"高级"选项卡

step 06 单击 保存 按钮,返回"服务器"设置界面,选中"测试"复选框,如图 5-11 所示。

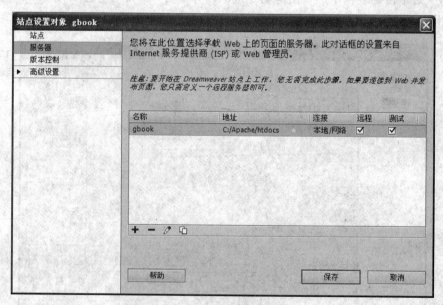

图 5-11 设置"服务器"参数

step 07 单击 保存 按钮,则完成站点的定义设置。在 Dreamweaver CS5.5 中就已经拥有刚才所设置的 gbook 网站了。单击 完成(D) 按钮,关闭"管理站点"对话框,这样,就完成了 Dreamweaver CSS5.5 测试留言簿管理系统网页的网站环境设置。

2.3 数据库连接

完成了站点的定义后，接下来就是用户系统网站与数据库之间的连接。网站与数据库的连接设置如下。

step 01 将设计的本模块文件复制到站点文件夹下，打开 index.php，如图 5-12 所示。

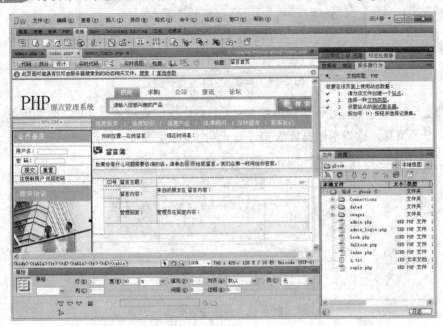

图 5-12 打开网站的首页

step 02 从菜单栏中选择"窗口"→"数据库"命令，打开"数据库"面板。在该面板上单击 ➕ 按钮，在弹出的下拉菜单中选择"MySQL 连接"选项，如图 5-13 所示。

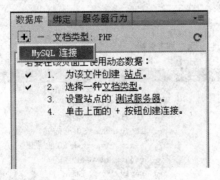

图 5-13 选择"MySQL 连接"

step 03 在"MySQL 连接"对话框中，输入"连接名称"为"gbook"、"MySQL 服务器"名为"localhost"、"用户名"为"root"、"密码"为"admin"。选择所要建立连接的数据库名称，可以单击 选取... 按钮浏览 MySQL 服务器上的所有数据库，选择刚建立的范例数据库 gbook，具体的设置内容如图 5-14 所示。

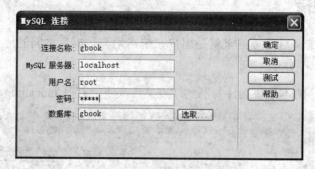

图 5-14　设置 MySQL 连接参数

step 04　单击 测试 按钮测试与 MySQL 数据库的连接是否正确，如果正确，则弹出提示消息，这表示数据库连接设置成功了，如图 5-15 所示。

图 5-15　提示设置成功

step 05　单击 确定 按钮，则返回编辑页面，在"数据库"面板中显示绑定过来的数据库，如图 5-16 所示。

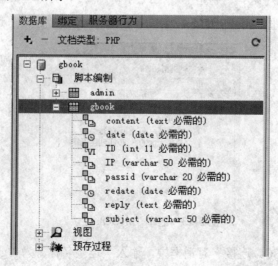

图 5-16　绑定的数据库

任务 3　留言簿的首页和留言页面

留言簿管理系统分前台和后台两部分，这里首先制作前台部分的动态网页，主要有留言簿首页 index.php 和留言页面 book.php。

3.1　留言首页

在留言首页 index.php 中，单击"留言"超链接时，将会打开留言页面 book.php，访问者可以在上面自由发表意见，但管理人员可以对恶意留言进行删除、修改等。

其制作的详细步骤如下(为叙述准确，所涉及的表格均以英语字母顺序命名)。

step 01　创建 index.php 文档。首先，设置页面属性，包括默认字体、大小 12、背景色 #CCCCCC、上下左右边距为 0。然后，在页面中插入表格 A(3×2，宽 750，居中对齐，其他 0)，合并第一行单元格，插入图片 images/logo.jpg，合并第三行单元格，设置高 50，背景色为#55C2EB，水平居中对齐，输入文字"Copyright@2011-2012 hbculture.com Inc.All rights reserved. 环博文化 版权所有"。第二行列宽分别为 195 和 555。

step 02　在表格 A 的第二行第一列单元格内插入表格 B(1×1，宽 100%，其他 0)；在表格 B 中插入表格 C(1×1，宽 90%，其他 0)；在表格 C 中插入表格 D(5×1，宽 98%，其他 0)，设置各行高分别是 133、36、155、25 和 83。

step 03　对表格 D 的第一行单元格设置背景(background="images/index.02.gif")，插入表单 form2，在表单内插入表格 E(5×1，宽 100%，其他 0)，各行高为 38、25、20、25 和 12。在第二行输入文字"用户名："，其后插入文本域(名为 username，单行，字符宽度 15)；在第三行输入文字"密　码："，其后插入文本域(名为 password，单行，字符宽度 15)；在第四行插入两个按钮，分别是"提交"(Submit)、"重置"(Submit2)；在第五行输入文字"注册新用户　找回密码"。

step 04　在表格 D 的第二行插入图片 images/index_04.gif；第三行插入图片 images/lxwm.jpg；第四行插入文字"洽谈合作"，第五行插入图片 images/memeber.gif。

step 05　在表格 A 的第二行第二列单元格插入表格 E(5×1，宽 100%，其他 0)，各行高分别是 30、40、25、20。

step 06　在表格 E 第一行单元格输入文字"你的位置---在线留言"和"现在时间是："。

step 07　在表格 E 第二行单元格插入图片 images/14384-m.jpg，输入文字"留言簿"(黑体，大小 16，红色)。

step 08　在表格 E 的第三行输入文字"如果你有什么问题需要咨询的话，请单击留言给我留言,我们会第一时间给你答复。"

step 09 在表格 E 的第四行输入文字"记录到(总共)",回车换行,插入表格 F(1×4,宽 40%,边框 0,右对齐),在单元格中分别输入"第一页"、"前一页"、"下一页"、"最后一页"。

step 10 在表格 E 的第五行插入表单 form1,表单内插入表格 G(4×3,宽 90%,边框 0,居中对齐),列宽为 8%、18%和 76%,行高为 20、20、30 和 25。

step 11 在表格 E 的第一行的第一个单元格中输入文字"ID 号",在第二个单元格中输入文字"留言主题:"。

step 12 在表格 E 的第二行第二个单元格中输入文字"留言内容:",将第三个单元格拆分成两行,在第一行单元格中输入文字"来自的朋友在留言内容:"。

step 13 在表格 E 的第三行第二个单元格中输入文字"管理回复:",第三个单元格输入文字"管理员在回复内容:"。

step 14 在表格 E 的第一行单元格的文字"现在时间是:"的后面加上如下 PHP 代码(加入后会出现 php 标记):

```
<?php
    date_default_timezone_set('Asia/Shanghai');
    echo date ("Y-m-d h:i:s");
?>
```

得到系统当前时间,在表格 E 的第三行文字"留言"上作一个超链接,链接到 book.php (链接(L) book.php),效果如图 5-17 所示。

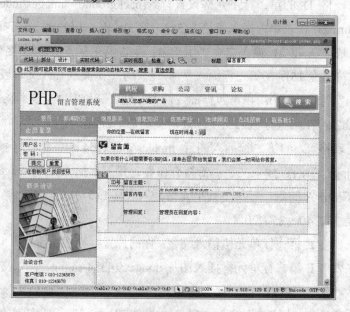

图 5-17 首页的效果

step 15 创建记录集 Rs，在"绑定"面板上单击 ➕ 按钮，从弹出的下拉菜单中选择"记录集(查询)"选项，在弹出的"记录集"对话框中进行如下设置：

- 在"名称"文本框中输入"Rs"作为该"记录集"的名称。
- 在"连接"下拉列表框中选择连接对象为 gbook。
- 在"表格"下拉列表框中，选择使用的数据库表对象为 gbook。
- 在"列"单选按钮组中，选中"全部"单选按钮。

完成后的设置如图 5-18 所示。

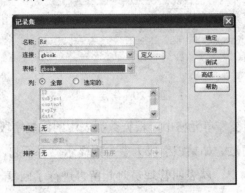

图 5-18　"记录集"对话框

step 16 单击 高级... 按钮，进行高级模式绑定，在 SQL 文本框中输入如下代码：

```
SELECT *
FROM gbook              //从数据库中选择 gbook 表
WHERE passid=0          //选择的条件为 passid 为 0
```

当此 SQL 语句从数据表 gbook 中查询出所有的 passid 字段值为 0 的记录时，表示此留言已经通过管理员的审核，如图 5-19 所示。

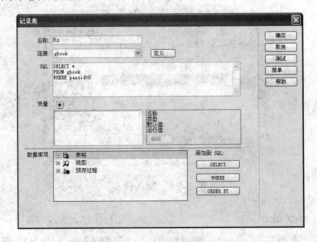

图 5-19　输入 SQL 语句

step 17 单击 确定 按钮，完成记录集的绑定，然后将此字段插入 index.php 网页的适当位置，如图 5-20 所示。

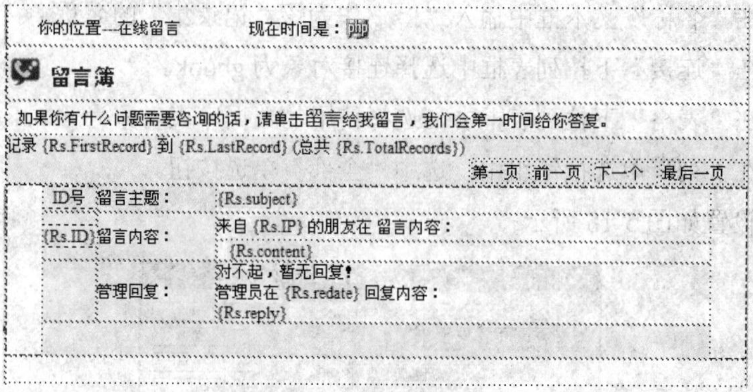

图 5-20　绑定字段

step 18 在"管理回复"单元格中，根据数据表中的回复字段 reply 是否为空，来判断管理者是否访问过。如果该字段为空，则显示"对不起，暂无回复！"字样信息，如果该字段不为空，就表明管理员对此留言进行了回复，同时还会显示回复的时间和内容。

step 19 在设计视图中，选中"管理回复"单元格，找到"对不起，暂无回复！"字样，并加入以下代码(如图 5-21 所示)：

```
<?php
    if ($row_Rs['reply']= empty($row_Rs['reply'])) {
        echo "对不起，暂无回复！";
    } //如果 reply 字段为空则显示
    else {
```

图 5-21　加入代码

step 20 由于 index.php 页面显示的是数据库中的部分记录，而目前的设定只会显示数据库的第一笔数据，因此，需要加入"服务器行为"中"重复区域"的设定，选择 index.php 页面中需要重复显示的内容，如图 5-22 所示。

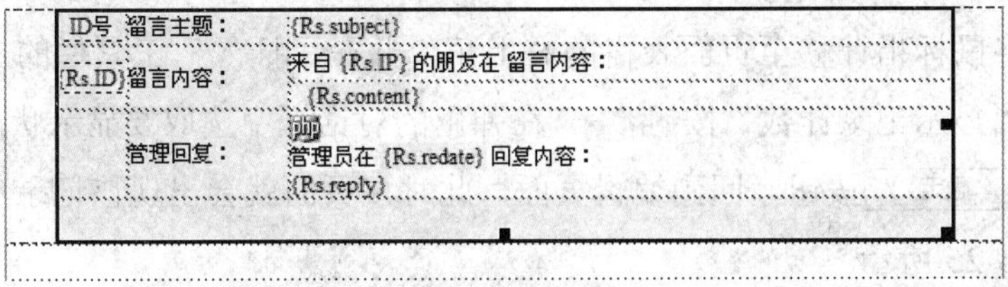

ID号	留言主题：	{Rs.subject}
{Rs.ID}留言内容：	来自 {Rs.IP} 的朋友在 留言内容：	
	{Rs.content}	
管理回复：	管理员在 {Rs.redate} 回复内容：	
	{Rs.reply}	

图 5-22　选择要重复显示的内容

step 21　单击"应用程序"面板群组中的"服务器行为"面板中的"添加服务器行为"按钮，在弹出的下拉菜单中选择"重复区域"选项，在打开的"重复区域"对话框中设定显示的数据选项，如图 5-23 所示。

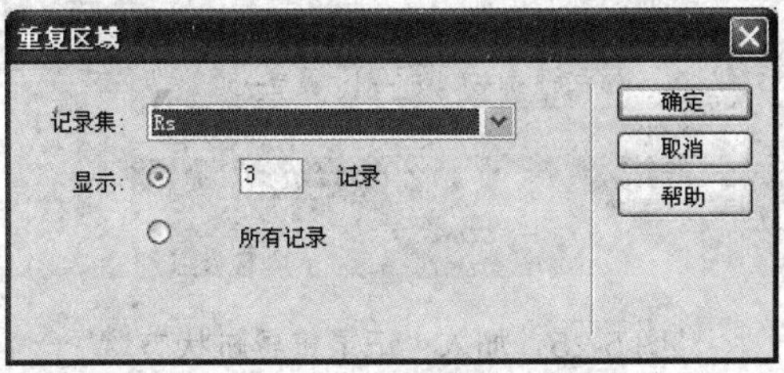

图 5-23　"重复区域"对话框

step 22　单击 确定 按钮回到编辑页面，会发现先前所选取的区域左上角出现了一个"重复"的灰色标签，这表示已经完成设定了。

step 23　将鼠标指针移至要加入"记录集导航条"的位置，在"插入"栏的"数据"类别中单击"记录集分页"按钮，在弹出的对话框中选取要导航的记录集以及导航的显示方式，然后单击 确定 按钮回到编辑页面，此时，页面就会出现该记录集的导航条，效果如图 5-24 所示。

窗口风格

图 5-24　加入"记录集导航条"

step 24 将鼠标指针移至页面表格的右上角,并在"插入"工具栏的"数据"类别中单击"显示记录计数"按钮,在弹出的对话框中选取要显示状态的记录集,再单击 确定 按钮,回到编辑页面,此时,页面就会出现该记录集的导航状态,如图 5-25 所示。

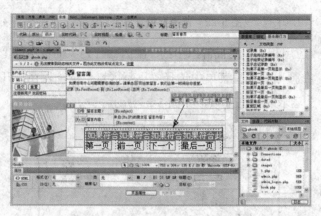

图 5-25 加入"记录集导航状态"

step 25 留言的首页 index.php 至此已经设计完成了。打开 IE 浏览器,在地址栏中输入"http://127.0.0.1/gbook/index.php",对首页进行测试,由于现在数据库中没有数据,所以测试效果如图 5-26 所示。

图 5-26 留言簿管理系统主页的测试效果

3.2 留言页面

本节将要制作访问者的在线留言功能,通过"服务器行为"面板中的"插入记录"功能,实现将访问者填写的内容插入到数据表 gbook 中。

制作步骤如下。

step 01 从菜单栏中选择"文件"→"新建"命令,打开"新建文档"对话框,创建新页面,从菜单栏中选择"文件"→"另存为"命令,将新建文件在根目录下保存为 book.php。

step 02 供访问者留言的静态页面 book.php 与主页面 index.php 大体一致,页面效果如图 5-27 所示。

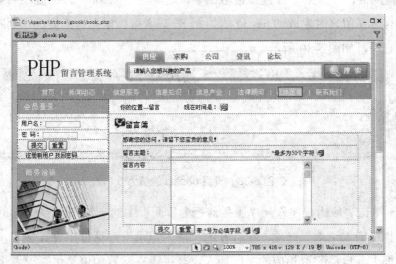

图 5-27　book.php 页面的效果

step 03 在留言簿表单内部,分别执行三次"插入记录"→"表单"→"隐藏区域"命令,插入三个隐藏区域,选中其中一个隐藏区域,将其命名为"IP":

```
<input name="IP" type="hidden" id="IP"
 value="<?php echo $_SERVER['REMOTE_ADDR'];?>" />//自动取得用户的IP地址
```

并在属性面板中对其赋值,如图 5-28 所示。

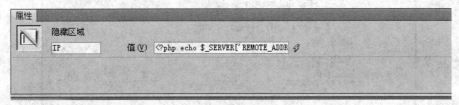

图 5-28　设定 IP 值

step 04 再选择另外一个隐藏区域,命名为"date",并在"值"文本框中输入获取系统时间的代码(如图 5-29 所示):

```
<input name="date" type="hidden" id="date"
 value="<?php date_default_timezone_set('Asia/Shanghai');
 echo date("Y-m-d h:i:s");?>">
```

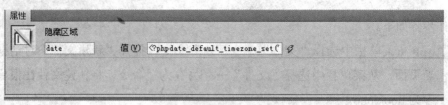

图 5-29 设置时间

step 05 同样，设置第 3 个隐藏区域的字段名称为"passid"，"值"为 0，表示任何留言者在留言时生成的 passid 值为 0，管理者可以根据这个值进行判断，方便后面的管理，如图 5-30 所示。

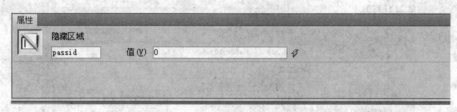

图 5-30 设置 passid 的值为 0

step 06 单击"应用程序"→"服务器行为"面板中的 按钮，从弹出的下拉菜单中选择"插入记录"选项，在打开的"插入记录"对话框中设置参数，在"列"列表框中会自动配置相应的字段插入，其中没有配置的值是供管理者进行插入使用的。完成后的设置如图 5-31 所示。

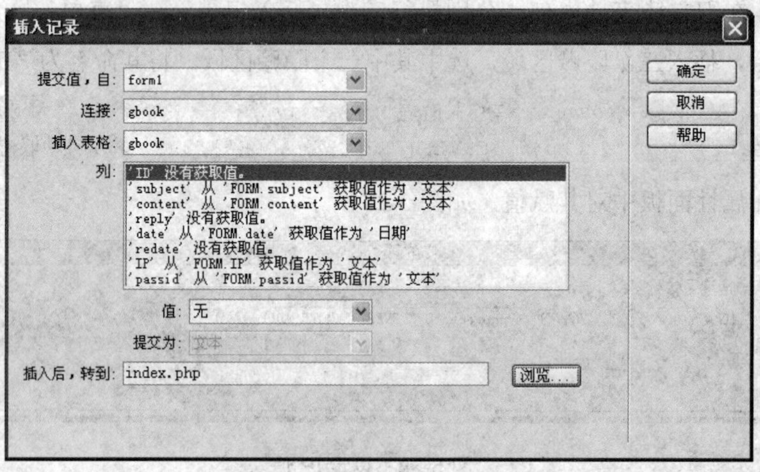

图 5-31 "插入记录"对话框

step 07 单击 确定 按钮，回到网页设计编辑页面，这样就完成了页面 book.php 插入一条记录的设置。

step 08 有些访问者进入留言页面 book.php 后，不填任何数据就直接把表单送出，这样，数据库中就会生成一笔空白数据。为了阻止这种现象发生，须加入"检查表单"的行为。具体操作是在 book.php 的标签检测区中，单击<form1>标签，然后单击"行为"面板中的 按钮，从弹出的下拉菜单中选择"检查表单"选项。

step 09　"检查表单"行为会根据表单的内容来设定检查方式，留言者一定要填入标题和内容，因此将 subject、content 这两个字段的值设置为"必需的"，这样就可完成"检查表单"的行为设定了，具体设置如图 5-32 所示。

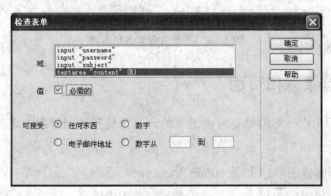

图 5-32　选择并设置必填字段

step 10　单击 确定 按钮，完成留言页面的设计，如图 5-33 所示。

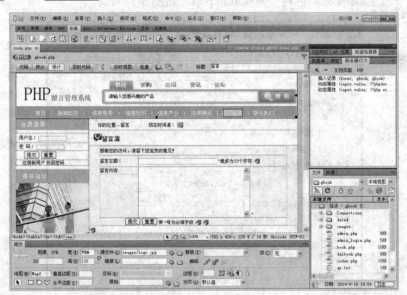

图 5-33　完成的页面

任务 4　系统的后台管理功能

留言簿后台管理系统可以使系统管理员通过 admin_login.php 进行登录管理，管理者登录页面的设计效果如图 5-34 所示。

图 5-34 系统员管理入口页面

4.1 管理者登录入口页面

管理页面是不允许一般网站访问者进入的，必须受到访问权限约束。页面设计的具体操作步骤如下。

step 01 打开制作的静态页面 admin_login.php。单击"应用程序"面板中的"服务器行为"标签上的 + 按钮，在弹出的下拉菜单中选择"用户身份验证/登录用户"选项，弹出"登录用户"对话框，在对话框中设置"如果登录失败，转到"为 index.php，"如果登录成功，转到"为 admin.php，如图 5-35 所示。

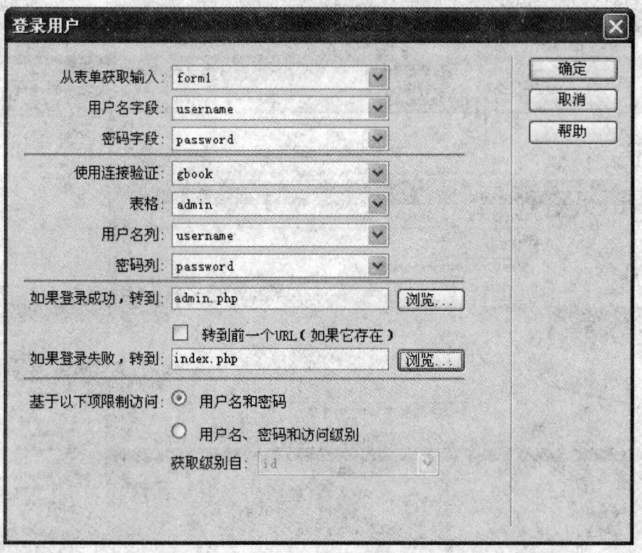

图 5-35 "登录用户"对话框

step 02 从菜单栏中选择"窗口"→"行为"命令，打开"行为面板"，单击该面板中的 + 按钮，从弹出的下拉菜单中选择"检查表单"选项，弹出"检查表单"对话框，设置 username 和 password 文本域的值都为"必需的"、可接受为"任何东西"，如图 5-36 所示。

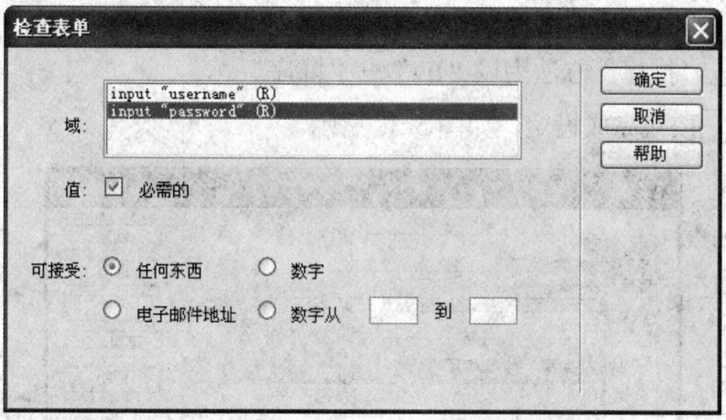

图 5-36 "检查表单"对话框

step 03 单击 确定 按钮，回到编辑页面，管理者登录入口页面 admin_login.php 的设计制作都已经完成。

4.2 管理页面

后台管理页面 admin.php 是管理者由登录页面验证成功后所跳转到的页面。这个页面提供删除和编辑留言的功能，效果如图 5-37 所示。

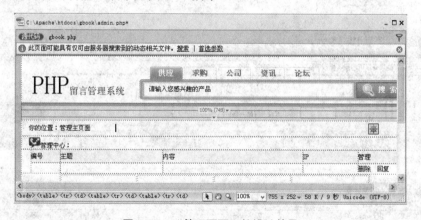

图 5-37 "管理页面"的设计效果

操作步骤如下。

step 01 打开 admin.php 页面，此页面设计比较简单，在这里不做说明，单击"绑定"面板上的 + 按钮，从弹出的下拉菜单中选择"记录集(查询)"选项，打开"记录集"对话框，在该对话框中进行如下设置：
- 在"名称"文本框中输入"Rs"作为该记录集的名称。
- 从"连接"下拉列表框中，选择数据源连接对象 gbook。

- 从"表格"下拉列表框中,选择使用的数据库表对象为 gbook。
- 在"列"栏中选中"全部"单选按钮。
- 设置"排序"方法为以"ID"→"降序"。

单击 确定 按钮完成设定,如图 5-38 所示。

图 5-38 "记录集"对话框

step 02 绑定记录集后,将记录集字段插入到 admin.php 网页的适当位置,如图 5-39 所示。

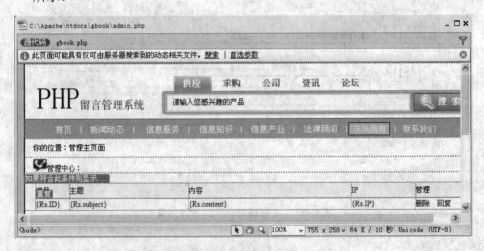

图 5-39 绑定的字段

step 03 admin.php 页面的功能是显示数据库中的部分记录,而目前的设定则只会显示数据库的第一笔数据,需要加入"服务器行为"中的"重复区域"命令,选择 admin.asp 页面中需要重复显示的区域,如图 5-40 所示。

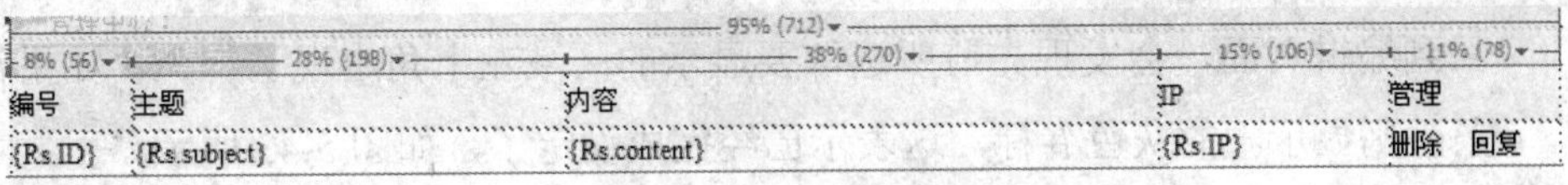

图 5-40 选择要重复的内容

step 04 单击"服务器行为"面板上的 ➕ 按钮，从弹出的下拉菜单中选择"重复区域"选项，在打开的"重复区域"对话框中设置一页显示的数据选项，例如 10 条记录，如图 5-41 所示。

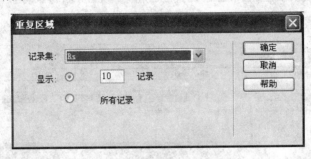

图 5-41 "重复区域"对话框

step 05 单击 确定 按钮，回到编辑页面，会发现先前所选取的区域左上角出现了一个"重复"的灰色标签，这表示已经完成设置。

step 06 选取记录集有记录时要显示的记录表格，如图 5-42 所示。

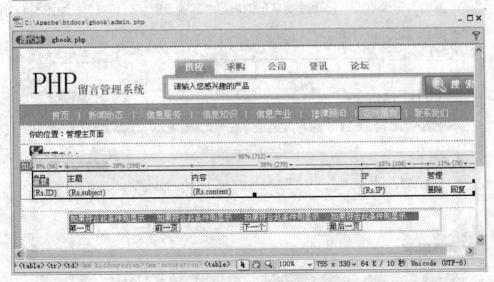

图 5-42 选择有记录时要显示的表格

step 07 单击"服务器行为"面板中的 ➕ 按钮，在弹出的下拉列表中选择"显示区域"→"如果记录集不为空则显示区域"选项，在打开的"如果记录集不为空则显示区域"对话框中，选择"记录集"下拉列表框中的 Rs 选项，再单击 确定 按钮，回到编辑页面，会发现先前所选取要显示的区域左上角出现了一个"如果符合此条件则显示"的灰色卷标，这表示已经完成设定了，如图 5-43 所示。

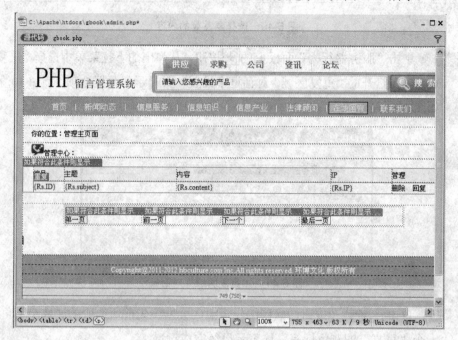

图 5-43 完成的设置

step 08 输入记录集没有记录时要显示的内容"目前没有任何留言"，如图 5-44 所示。

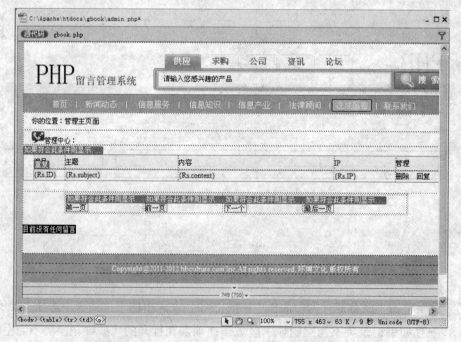

图 5-44 选择没有记录时要显示的页面内容

step 09 单击"服务器行为"面板中的 + 按钮,从弹出的下拉菜单中选择"显示区域"→"如果记录集为空则显示区域",在打开的"如果记录集不为空则显示区域"对话框中,选择"记录集"下拉列表框中的 Rs 选项,如图 5-45 所示。再单击 确定 按钮回到编辑页面,会发现先前所选取的要显示的区域左上角出现了一个"如果符合此条件则显示"的灰色卷标,这表示已经完成设定了。

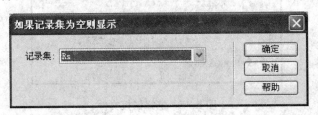

图 5-45 设置"如果记录集为空则显示"的区域

step 10 将光标移至要加入记录集导航条的位置,在"插入"工具栏的"应用程序"类别中,单击"记录集分页"按钮 ,在弹出的对话框中选取要导航的记录集以及导航的显示方式,然后单击 确定 按钮回到编辑页面,会发现页面出现该记录集的导航条,如图 5-46 所示。

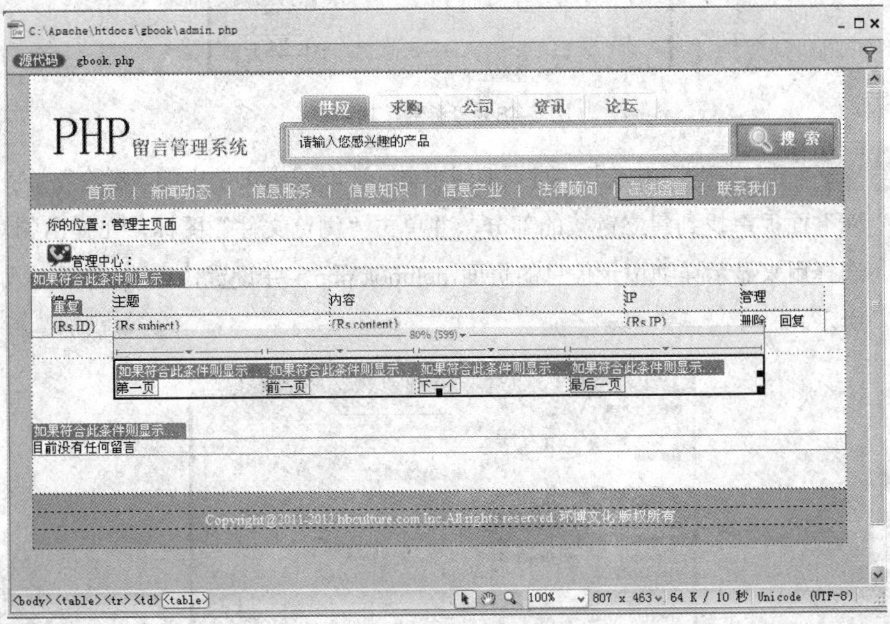

图 5-46 加入记录集导航条

step 11 单击页面中的"回复"文字,在"属性"面板中找到建立链接的部分,并单击"浏览文件" 按钮,在弹出的对话框中选择用来显示详细记录信息的页面 reply.php,设置如图 5-47 所示。

图 5-47 选择链接文件

step 12 单击 参数... 按钮,设置超级链接要附带的 URL 参数的名称与值。将参数名称命名为 ID,值的设置如图 5-48 所示。

图 5-48 "参数"对话框

step 13 单击 确定 按钮,回到编辑页面,选取编辑页面中的"删除"二字,在"属性"面板中找到建立链接的部分,并单击"浏览文件"图标,在弹出的对话框中选择用来显示详细记录信息的页面 delbook.php,并设置传递 ID 参数,如图 5-49 所示。

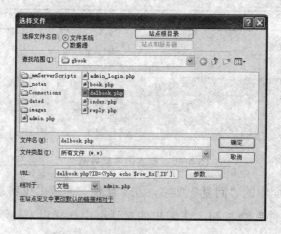

图 5-49 设置"删除"的链接

step 14 单击 确定 按钮，回到编辑页面，单击"应用程序"面板中的"服务器行为"标签上的 + 按钮，从弹出的下拉菜单中选择"用户身份验证"→"限制对页面的访问"选项，在打开的"限制对页的访问"对话框中设置"如果访问被拒绝，则转到"为"admin_login.php"页面，如图 5-50 所示。

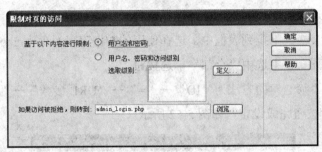

图 5-50 "限制对页的访问"对话框

step 15 单击 确定 按钮，就完成了后台管理页面 admin.php 的制作。

4.3 回复留言页面

回复留言页面的功能，主要是通过 reply.php 页面对用户留言进行回复，实现的方法是将数据库的相应字段绑定到页面中，管理员在"回复内容"中填写内容，单击"回复"按钮，可以将回复内容更新到 gbook 数据表中，页面效果如图 5-51 所示。

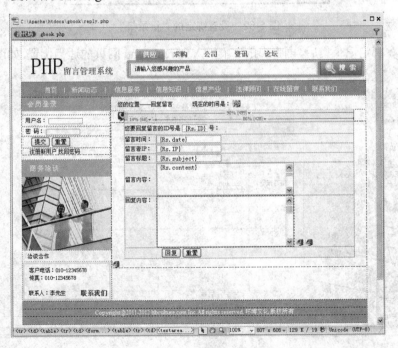

图 5-51 回复留言页面

reply.php 页面动态功能的制作步骤如下。

step 01 创建 reply.php 页面，并单击"绑定"面板上的 按钮，从弹出的下拉菜单中，选择"记录集(查询)"选项，在打开的"记录集"对话框中进行如下设置：

- 在"名称"文本框中输入"Rs"作为该记录集的名称。
- 从"连接"下拉列表框中，选择数据源连接对象 gbook。
- 从"表格"下拉列表框中，选择使用的数据库表对象为 gbook。
- 在"列"栏中选中"全部"单选按钮。
- 设置"筛选"的方法为"ID"→"="→"URL 参数"→"ID"。

单击 确定 按钮完成设定，如图 5-52 所示。

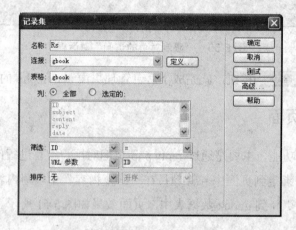

图 5-52 设置绑定的"记录集"

step 02 绑定记录集后，再将绑定字段插入到 reply.php 网页的适当位置，如图 5-53 所示。

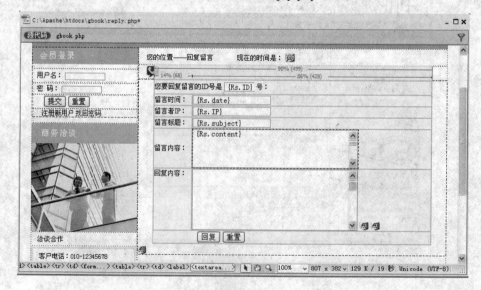

图 5-53 在页面中插入绑定字段

step 03 在本页面中添加两个隐藏区域,一个为 redate,用来设定回复时间,赋值等于 "<?php date_default_timezone_set('Asia/Shanghai'); echo date("Y-m-d h:i:s"); ?>",另外一个是 passid,用来决定是否通过审核的一个权限,赋值为 0 时,就自动通过审核,如图 5-54 所示。

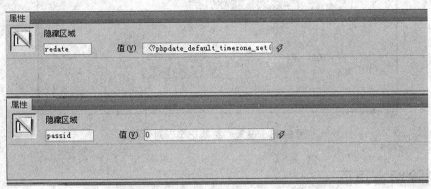

图 5-54 设置"隐藏区域"两个字段的属性

step 04 单击"服务器行为"面板上的"添加服务器行为"按钮 ➕,从弹出的菜单中,选择"更新记录"选项,如图 5-55 所示,用于根据留言内容对数据库中的数据进行更新。

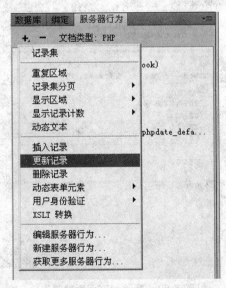

图 5-55 选择"更新记录"

step 05 在弹出的"更新记录"对话框中,按图 5-56 所示进行更新记录设置。
step 06 单击 确定 按钮回到编辑页面,这样就完成了回复留言页面的设置。

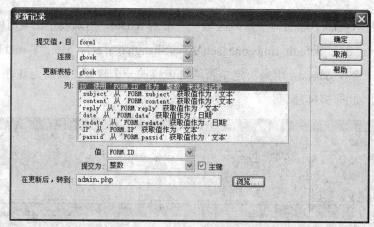

图 5-56 设置"更新记录"对话框

4.4 删除留言页面

删除留言页面对应 delbook.php 文件,其功能是将表单中的记录从相应的数据表中删除,页面的设计效果如图 5-57 所示,详细说明步骤如下。

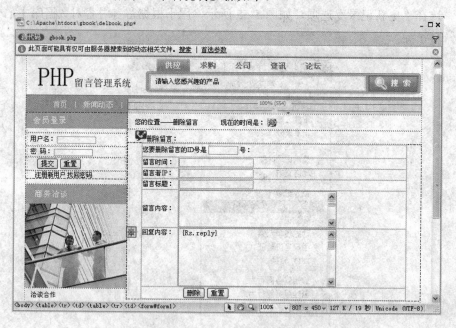

图 5-57 删除留言页面的效果

step 01 打开 delbook.php 页面,单击"绑定"面板上的 按钮,在弹出的下拉菜单中,选择"记录集(查询)"选项,在弹出的"记录集"对话框中进行如下设置:
- 在"名称"文本框中输入"Rs"作为该记录集的名称。
- 从"连接"下拉列表框中,选择数据源连接对象 gbook。

- 从"表格"下拉列表框中，选择使用的数据库表对象为 gbook。
- 在"列"栏中选中"全部"单选按钮。
- 设置"筛选"的方法为"ID"→"="→"URL 参数"→"ID"。

单击 确定 按钮完成设定，如图 5-58 所示。

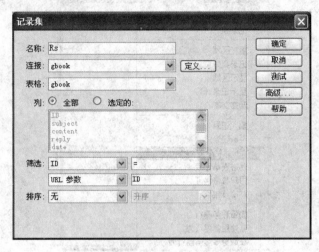

图 5-58 设置绑定的"记录集"

step 02 绑定记录集后，再将记录集的字段插入到 delbook.php 网页的各说明文字后面，如图 5-59 所示。

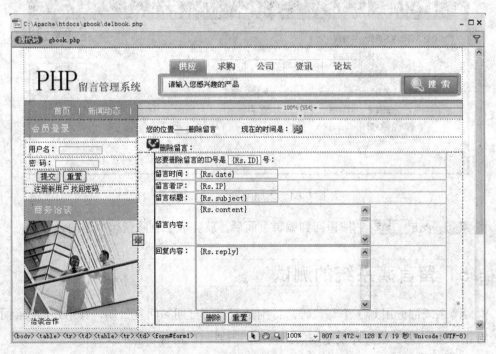

图 5-59 字段的绑定

step 03 在 delbook.php 的页面上，单击"服务器行为"面板上的 + 按钮，从弹出的下拉菜单中选择"删除记录"命令，如图 5-60 所示，用于对数据表中的数据进行删除操作。

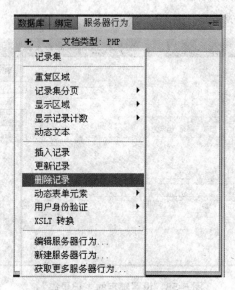

图 5-60 选择"删除记录"命令

step 04 在打开的"删除记录"对话框中进行设置，如图 5-61 所示。

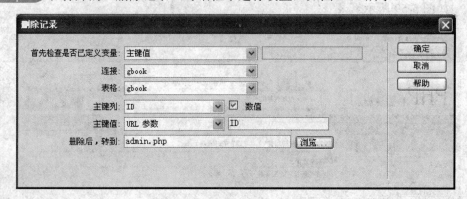

图 5-61 "删除记录"对话框

step 05 单击 确定 按钮回到编辑页面后，就完成了删除留言页面的设置。

任务 5 留言簿系统的测试

留言簿系统部分用到了手写代码，特别是留言的日期和回复日期，其中还涉及到了留言者的 IP 采集，为了检查开发系统的正确性，需要测试留言功能的执行情况。

5.1 前台留言测试

具体的前台测试步骤如下。

step 01 打开 IE 浏览器,在地址栏中输入"http://127.0.0.1/gbook/index.php",打开 index.php 文件,如图 5-62 所示。

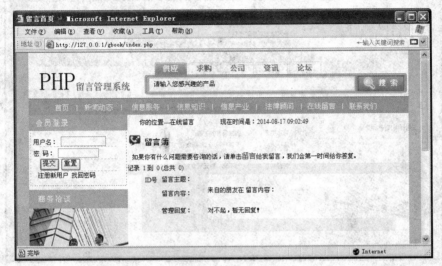

图 5-62 首页的效果

step 02 单击"留言"超链接,就可以进入留言页面 book.php,如图 5-63 所示。

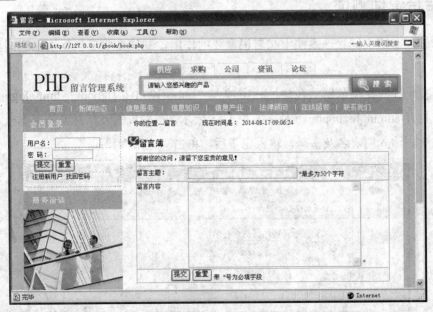

图 5-63 留言页面的效果

step 03 开始检测留言簿功能,在"留言主题"栏中填写"测试留言主题"在"留言内容"栏中填写"测试留言的内容"。填写完后,单击"提交"按钮,此时会弹出 index.php 页面,可以看到多了一个刚填写的数据,如图 5-64 所示。

图 5-64 向数据表中添加的数据

5.2 后台管理测试

后台管理在留言簿管理系统中起着很重要的作用,制作完成后也要进行测试,操作步骤如下。

step 01 打一开浏览器,在地址栏中输入"http://127.0.0.1/gbook/admin_login.php",打开 admin_login.php 文件,如图 5-65 所示。在网页的表单对象的文本框及密码框中,输入用户名及密码,输入完毕后,单击"登录"按钮。

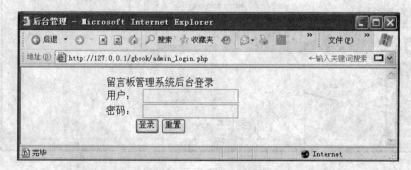

图 5-65 后台管理入口

step 02 如果上一步中填写的登录信息是错误的，则浏览器会转到 index.php 主页面；如果输入的用户名和密码都正确，则进入 admin.php 页面，如图 5-66 所示。

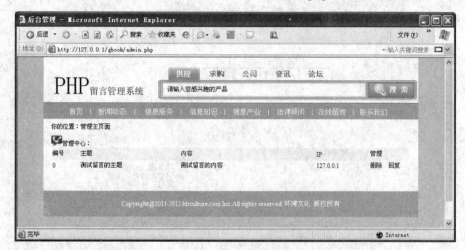

图 5-66　留言管理页面

step 03 单击"删除"超链接，进入删除页面 delbook.php，并自动将该留言信息删除。删除留言后，返回留言管理页面 admin.php。

step 04 在留言管理页面单击"回复"超链接，则进入回复页面 reply.php，如图 5-67 所示。

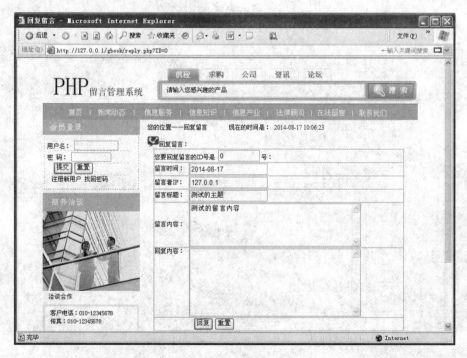

图 5-67　回复页面

step 05 当填写回复内容"回复测试",并单击"回复"按钮后,将成功回复留言。

本实例制作的留言簿管理系统在功能上相对还是比较简单的,读者如果需要进行深入开发实践,可以在此基础上做一些变化,使所制作的留言簿能够更加人性化一些。

模块六
在线投票管理系统实例的设计

　　网站的投票管理系统设置好投票主题后，网站的会员积极参与，可以起到活跃会员、增加浏览量的作用。一个投票管理系统可分为3个主要功能模块：投票功能、投票处理功能以及显示投票结果功能。

　　投票管理系统首先给出投票选题(即供投票者选择的表单对象)，当投票者单击选择投票按钮后，投票处理功能激活，对服务器传送过来的数据做出相应的处理，先判断用户选择的是哪一项，累计相应项的字段值，然后对数据库进行更新，最后将投票的结果显示出来。

●本模块的任务重点●

- 投票管理系统站点的设计
- 投票管理系统数据库的规划
- 计算投票的方法
- 防止刷新的设置

任务 1 执行投票管理系统规划

在线投票管理系统在设计开发之前，对将要开发的功能进行一下整体的规划。本实例可以分为 3 个部分的页面内容：一是计算投票页面，二是显示投票结果页面，三是用来提供选择的页面。

1.1 页面规划设计

根据介绍的投票管理系统的页面设计规划，在本地站点上建立站点文件夹 vote，将要制作的投票管理系统的文件夹和文件如图 6-1 所示。

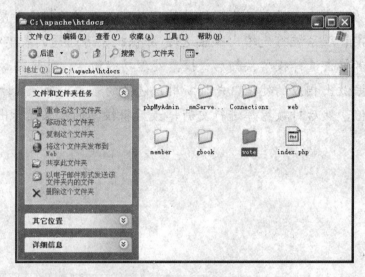

图 6-1 创建站点文件夹

本实例制作的投票系统共有 4 个页面，页面的功能和文件名称如表 6-1 所示。

表 6-1 在线投票系统的网页构成

页面名称	功能
vote.php	在线投票管理系统的首页
voteadd.php	统计投票的功能
voteok.php	显示投票结果
sorry.php	投票失败页面

1.2 系统页面设计

投票管理系统的页面共 4 个，包括开始投票页面、计算投票页面、显示投票结果页面以及投票失败页面。计算投票页面 voteadd.php 的实现方法是：接收 vote.php 所传递过来的参数，然后执行累加的功能。为了保证投票的公正性，本系统根据 IP 地址的唯一性设置了防止页面刷新的功能。开始投票页面和显示投票结果页面的设计如图 6-2 和 6-3 所示。

图 6-2　投票管理系统的首页

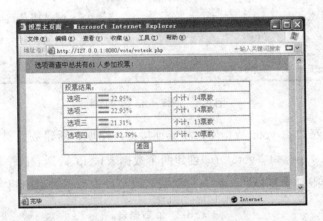

图 6-3　投票结果的显示页面

任务2　系统数据库的设计

本实例主要掌握投票管理系统数据库的连接方法，投票管理系统的数据库主要用来存储投票选项和投票次数。

2.1 数据库的设计

投票管理系统需要一个用来存储投票选项和投票次数的数据表 vote 和用于存储用户 IP 地址的数据表 ip。

制作的步骤如下。

step 01 在 phpMyAdmin 中建立数据库 vote，选择 数据库 命令打开本地的"数据库"管理页面，在"新建数据库"文本框中输入数据库的名称"vote"，如图 6-4 所示。单击打开后面的数据库类型下拉菜单，选择 utf8_general_ci 选项，单击 创建 按钮，返回"常规设置"页面，在数据库列表中就建立了 vote 数据库。

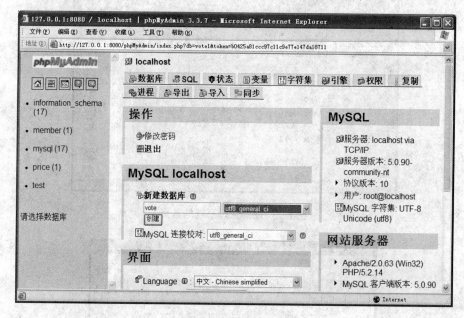

图 6-4 创建 vote 数据库

step 02 单击左边的 vote 数据库，将其连接上，出现"新建数据表"页面，分别输入数据表名"ip"和"vote"（即创建两个数据表）。ip 数据表的字段结构如表 6-2 所示，用于限制重复投票、输入数据域名以及设置数据类型的相关数据。

表 6-2　ip 数据表

意　义	字段名称	数据类型	字段大小	必填字段
主题编号	ID	int	长整型	
投票的 ip 地址	voteip	varchar	255	是

此时的"新建数据表"页面如图 6-5 所示。

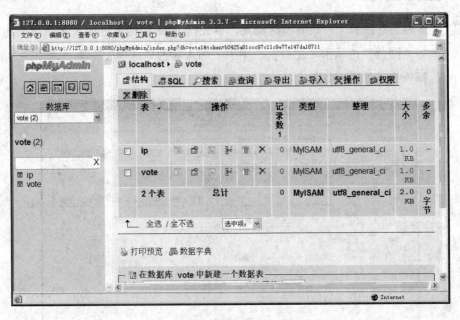

图 6-5 创建数据表

step 03 设计 vote 数据表用于储存投票的选项和投票的数量，输入数据域名以及设置数据域位的相关数据，如图 6-6 所示。对访问者的留言内容做一个全面的分析，设计 vote 表的字段结构如表 6-3 所示。

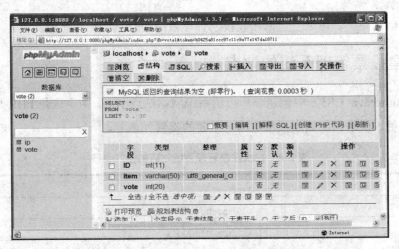

图 6-6 vote 数据表

表 6-3 投票数据表 vote

意 义	字段名称	数据类型	字段大小	必填字段
主题编号	ID	int	11	是
投票主题	item	varchar	50	是
投票数量	vote	int	20	是

step 04 为了方便后面系统开发的需要，事先在 vote 数据表里加入 4 条投票的数据，单击"浏览"选项卡，在数据表中手工加入名为"选项一"至"选项四"的 4 个选择模式，如图 6-7 所示。

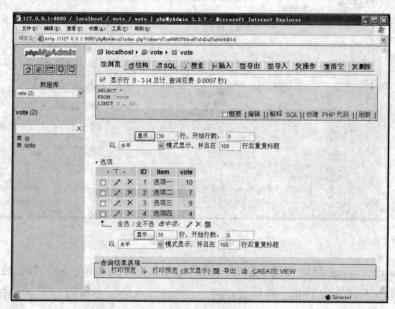

图 6-7 输入投票选择

数据库创建完毕，可以发现，在线投票管理系统的数据库相对比较简单。

2.2 创建投票管理系统的站点

在 Dreamweaver CS5.5 中创建一个投票系统网站站点 vote，由于这是 PHP 数据库网站，因此必须设置本机数据库和测试服务器，主要的设置如表 6-4 所示。

表 6-4 在线投票管理系统站点的基本参数

站点名称	vote
本机根目录	C:\Apache\htdocs\vote
测试服务器	C:\Apache\htdocs
网站测试地址	http://127.0.0.1/vote/
MySQL 服务器地址	C:\Apache\MySQL-5.0.90\data\vote
管理账号/密码	root/admin
数据库名称	vote

创建 vote 站点的具体操作步骤如下。

step 01 首先在 C:\Apache\htdocs 路径下建立 vote 文件夹，如图 6-8 所示，本例所有建立的网页文件都将放在该文件夹下。

图 6-8 建立站点文件夹 vote

step 02 运行 Dreamweaver CS5.5，执行菜单栏中的"站点"→"管理站点"命令，打开"管理站点"对话框，如图 6-9 所示。

图 6-9 "管理站点"对话框

step 03 对话框的左边是站点列表框，用于显示所有已经定义的站点。单击 新建(N)... 按钮，弹出"站点设置对象"对话框，进行如图 6-10 所示的参数设置。

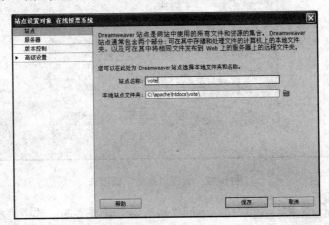

图 6-10 建立 vote 站点

step 04 单击列表框中的"服务器"选项,并单击"添加服务器"按钮 ➕ ,打开"基本"选项卡,进行如图 6-11 所示的参数设置。

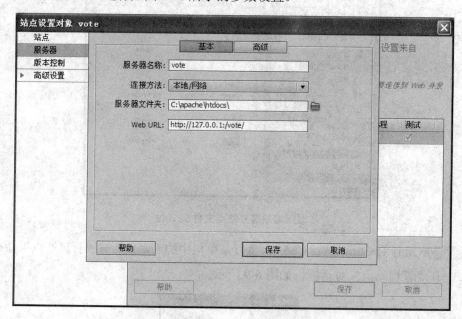

图 6-11 "基本"选项卡的设置

step 05 设置后再单击"高级"选项卡,打开"高级"服务器设置对话框,选中"维护同步信息"复选框,在"服务器模型"下拉列表框中选择"PHP MySQL"(表示是使用 PHP 开发的网页),其他的保持默认值,如图 6-12 所示。

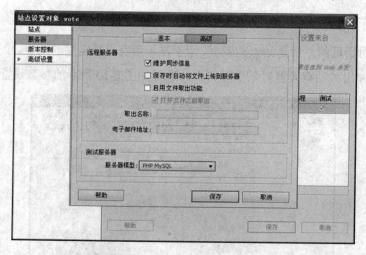

图 6-12 设置"高级"选项卡

step 06 单击 保存 按钮,返回"服务器"设置界面,选中"测试"复选框,如图 6-13 所示。

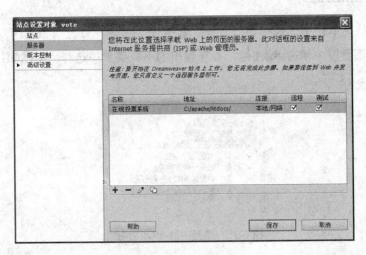

图 6-13 设置"服务器"参数

step 07 单击 保存 按钮，则完成站点的定义设置。在 Dreamweaver CS5 中就已经拥有了刚才所设置的站点 vote。单击 完成(D) 按钮，关闭"管理站点"对话框，这样就完成了 Dreamweaver CS5.5 测试在线投票系统网页的网站环境设置。

2.3 数据库连接

完成了站点的定义后，接下来就是用户系统网站与数据库之间的连接，网站与数据库的连接设置如下。

step 01 将光盘中设计的本章静态文件复制到站点文件夹下，打开 vote.php 投票首页，如图 6-14 所示。

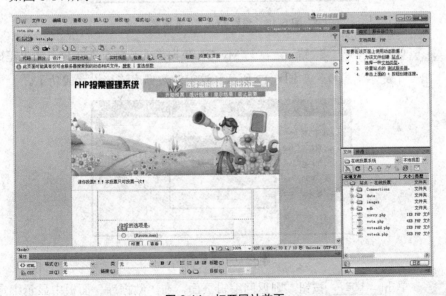

图 6-14 打开网站首页

step 02 从菜单栏中选择"窗口"→"数据库"命令,打开"数据库"面板。在"数据库"面板中单击 图标,并在弹出的下拉菜单中选择"MySQL 连接"选项,如图 6-15 所示。

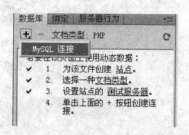

图 6-15 选择"MySQL 连接"

step 03 在"MySQL 连接"对话框中输入"连接名称"为"vote","MySQL 服务器"名为"localhost","用户名"为"root",密码为"admin"。选择所要建立连接的数据库名称,可以单击 选取... 按钮浏览 MySQL 服务器上的所有数据库。选择刚建立的范例数据库 vote,具体的设置内容如图 6-16 所示。

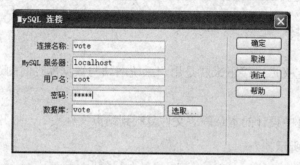

图 6-16 设置 MySQL 连接参数

step 04 单击 测试 按钮,测试与 MySQL 数据库的连接是否正确,如果正确,会弹出一个提示消息框,如图 6-17 所示,这表示数据库连接设置成功了。

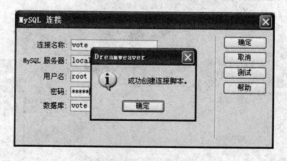

图 6-17 设置成功

step 05 单击 确定 按钮,则返回编辑页面,在"数据库"面板中显示绑定过来的数据库,如图 6-18 所示。

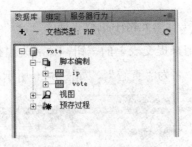

图 6-18 绑定的数据库

任务 3 在线投票管理系统的开发

对投票管理系统来说，需要重点设计的页面是开始投票页面 vote.php 和投票结果页面 voteok.php。计算投票页面 voteadd.php 是一个动态页面，没有相应的静态页面效果，只有累加投票次数的功能。

3.1 开始投票页面的功能

开始投票页面 vote.php 主要是用来显示投票的主题和投票的内容，让用户进行投票，然后传递到 voteadd.php 页面中进行计算。详细的操作步骤如下。

step 01 新建 vote.php 文档，设置页面属性(外观 CSS)：背景色#CCCCCC、字大小 12、上边距 0，输入网页标题"开始投票页面"，然后插入一个 4 行 1 列的表格 A，宽度 600，其他为 0，对页面居中对齐。

step 02 在表格 A 的第一、二、四个单元格中，分别插入图像 vote_01.gif、vote_02.gif、vote_04.gif；选择第三个单元格，设置背景色为#FFFFFF，并拆分为 3 列，设置第 1、3 列的单元格宽度为 76、高度为 271。

step 03 在第二列单元格中插入表单，并设置如图 6-19 所示的属性。在表单中插入一个 3×2 表格 B，宽度 75%、边框 1、居中对齐，各行高度分别是 30、25、25，列宽 14%、86%。合并表格 B 第一、第三行单元格，在第一行输入文本"你投的选项是："，在第二行第一列单元格中插入一个"单选按钮"，并在"属性"面板中将它命名为"ID"。

图 6-19 设置表单及单选按钮的属性

step 04 在表格 B 的第三行单元格中执行"插入"→"表单"→"按钮"命令,插入两个按钮,一个是用来提交表单的按钮,命名为"投票",另外一个是用来查看投票结果的按钮,命名为"查看",如图 6-20 所示。

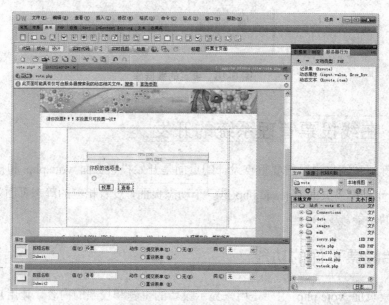

图 6-20 投票首页的效果

step 05 单击"应用程序"面板中"绑定"标签上的 按钮,从弹出的下拉菜单中选择"记录集(查询)"选项,在打开的"记录集"对话框中输入设定值,如图 6-21 所示。

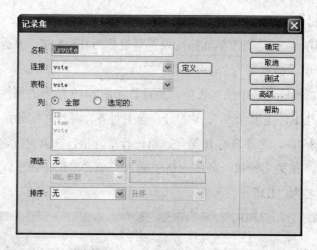

图 6-21 "记录集"对话框

step 06 绑定记录集后,将记录集中的字段 item 插入单选按钮右边的单元格中,如图 6-22 所示。

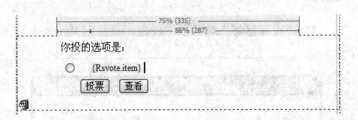

图 6-22 将记录集的字段插入到 vote.php 网页中

step 07 单击单选按钮，将字段 ID 绑定到单选按钮上，绑定后，在单选按钮的属性面板的选定值中添加了插入 ID 字段的相应代码"<?php echo $row_Rsvote['ID']; ?>"，如图 6-23 所示。

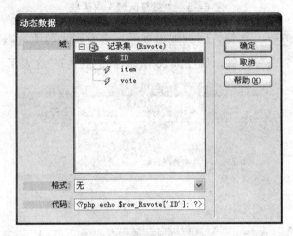

图 6-23 插入字段到单选按钮

> 技巧：①单击边框选中表格，指向表格边框时，按 Ctrl 键查看结构(行、列、单元格均可)；②选中表格后出现行(列)选择标记时，查看行(列)结构；③按住 Shift 键并拖动，可保留其他行高(或列宽)而只改变当前行高(或列宽)；④按住 Ctrl 键，在表格内移动鼠标，可查看单元格，单击可选择单元格；⑤在表格中按住 Shift 键可以选择整个表格。

step 08 选择 vote.php 页面中表单内表格的第二行单元格，如图 6-24 所示。

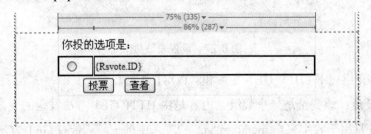

图 6-24 选择记录行

step 09 单击"服务器行为"面板上的 按钮，从弹出的下拉菜单中选择"重复区域"

选项,在打开的"重复区域"对话框中设定一页显示 Rsvote 记录集中的所有记录,如图 6-25 所示。

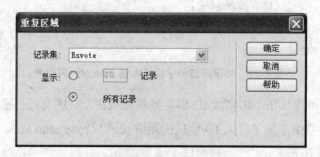

图 6-25 "重复区域"对话框

step 10 单击 确定 按钮,回到编辑页面,会发现先前所选取的区域左上角出现了一个"重复"灰色标签,如图 6-26 所示(红色圈内),这表示已经完成设置。

图 6-26 设置重复后的效果

step 11 在 vote.php 页面中,将鼠标放在表格中,在"标签选择器"上单击<form>标签,并在"属性"面板中设置表单 form1 的"动作"为设置投票数据增加的页面"voteadd.php",设置"方法"为"POST",如图 6-27 所示。

图 6-27 设置表单动作

下面简单介绍一下 PHP$_GET 变量和$_POST 变量。

$_GET 变量:该变量是一个数组,内容是由 HTTP GET 方法发送的变量名称和值。

$_GET 变量用于收集来自 method="get"的表单中的值。从带有 GET 方法的表单发送的信息,对任何人都是可见的(会显示在浏览器的地址栏中),并且对发送的信息量也有限制(最多 100 个字符)。

在使用$_GET 变量时，所有的变量名和值都会显示在 URL 中。所以，在发送密码或其他敏感信息时，不应该使用这个方法。不过，正因为变量显示在 URL 中，因此可以在收藏夹中收藏该页面，在某些情况下这是很有用的。

$_POST 变量：该变量是一个数组，内容是由 HTTP POST 方法发送的变量名称和值。

$_POST 变量用于收集来自 method="post"的表单中的值。从带有 POST 方法的表单发送的信息，对任何人都是不可见的(不会显示在浏览器的地址栏中)，并且对发送信息的量也没有限制。

应该在任何可能的时候对用户输入进行验证。客户端的验证速度更快，并且可以减轻服务器的负载。不过，任何流量很高以至于不得不担心服务器资源的站点，也有必要担心站点的安全性。如果表单访问的是数据库，就非常有必要采用服务器端的验证。在服务器验证表单的一种好的方式是：把表单传给它自己，而不是跳转到不同的页面。这样用户就可以在同一张表单页面中得到错误信息。用户也就更容易发现错误了。

step 12 单击页面中的"查看"按钮，切换至"标签检查器"选项卡，单击"行为"面板下的 + 按钮，从弹出的下拉菜单中选择"转到 URL"选项，如图 6-28 所示。

图 6-28 选择"转到 URL"

step 13 弹出"转到 URL"对话框，在 URL 文本框中输入要转到的文件"voteok.php"，如图 6-29 所示，然后单击 确定 按钮，完成"转到 URL"的设置。

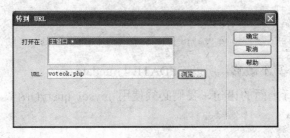

图 6-29 输入"转到 URL"的文件地址

3.2 设计计算投票页面的功能

计算投票页面为 voteadd.php，主要方法是接收 vote.php 所传递过来的参数，然后再进行累加计算。计算投票页面 voteadd.php 只用于后台计算，投票者在成功投票之后转到投票结果页面 voteok.php，只要加入代码 header("location:voteok.php");到 voteadd.php 页面，就可以完成对 voteadd.php 页面的制作，本节的核心代码如下：

```php
<meta http-equiv="Content-Type" content="text/html; charset=utf-8" />
<?php
if (empty($_POST['ID'])) {
    echo "您没选择投票的项目";
    exit(0);
} //判断是否选择了投票的选项
else
{
    $ID = strval($_POST['ID']);
    //赋值 ID 变量为上一页传递过来的 ID 值
    $conn = mysql_connect("localhost", "root", "admin");
    //建立数据库连接
    if (!$conn)
    {
        die('数据库连接出错: ' . mysql_error());
    }
    //如果数据库连接出错，显示错误
    mysql_select_db("vote", $conn);
    //查询 vote 数据
    mysql_query("UPDATE vote SET vote = vote + 1 WHERE ID = '".$ID."'");
    //根据 ID 更新数表 vote，并自动加 1
    mysql_close($conn);

    header("location:voteok.php");
    //转到 voteok.php
}
```

UPDATE 语句用于在数据库表中修改数据。语法如下：

```
UPDATE table_name
SET column_name = new_value
WHERE column_name = some_value
```

因为 SQL 对大小写不敏感，所以 UPDATE 与 update 等效。

为了让 PHP 执行上面的语句，我们必须使用 mysql_query()函数。该函数用于向 SQL 连接发送查询和命令。

3.3 显示投票结果的页面

显示投票结果页面 voteok.php 主要是用来显示投票总数结果和各投票的比例结果，静态页面的设计效果如图 6-30 所示。

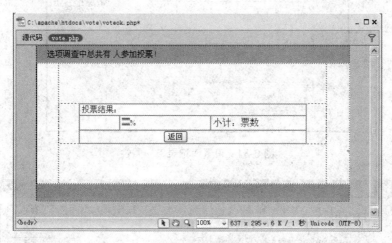

图 6-30 显示结果页面的设计效果

step 01 新建文档 voteok.php，页面属性设置为：背景颜色#CCCCCC，字体大小 12，上边距 0，其他默认。在页面中插入 3×3 表格，宽度 550，居中对齐，各行高度分别是 30、208 和 30。分别合并第一行、第三行，设置背景色#66CC00，在第一行单元格内输入"选项调查中总共有人参加投票！"文字内容。

step 02 设置第二行的背景色为#FFFFFF，第一、第三单元格的宽度为 40，在第二行的第二单元格中插入表单，在表单内插入 3×3 表格，宽度 85%，边框 1，居中对齐，各行高度分别是 20、25、20。分别合并第一行、第三行，在第一行输入"投票结果："，在第三行插入"返回"按钮，设置动作为"重设表单"，按钮名称为"Submit"，值是"返回"。

step 03 单击"绑定"面板上的 按钮，从弹出的下拉菜单中选择"记录集(查询)"选项，在打开的"记录集"对话框中，进行如图 6-31 所示的设置。

step 04 同上一步创建记录集 Rs1，在记录集对话框中单击 高级 按钮，进入高级编辑窗口，并在 SQL 对话框中加入以下代码：

```
SELECT sum(vote) as sum
//选择 vote 字段进行合计计算，函数 sum()用于计算总值
FROM vote
//从数据表 vote 中取出数据
```

单击 确定 按钮，完成记录集的设置，如图 6-32 所示。

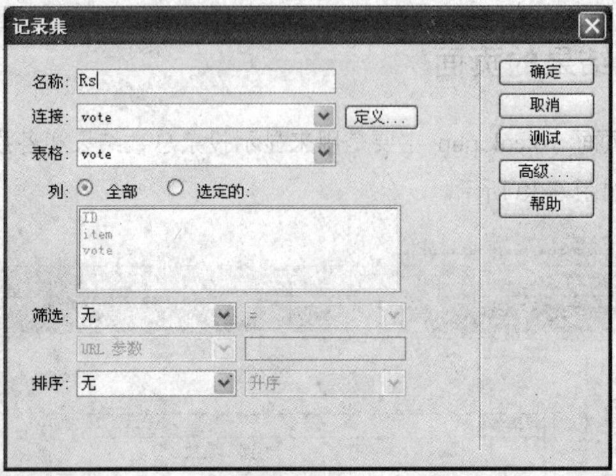

图 6-31 设置"记录集"属性

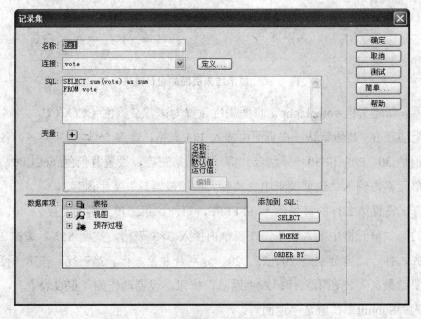

图 6-32 "记录集"对话框的设置

step 05 展开 Rs 记录集,把 item 字段拖入第二行的第一个单元格,在第二个单元格中插入图像 bar.gif,在第三个单元格中输入文字"小计:票数",把 vote 字段拖入文字"票数"前,展开记录集 Rs1,把 sum 字段拖入(外表格)第一行单元格文字中的"有人"两字之间,如图 6-33 所示。

step 06 单击 代码 按钮,进入"代码"视图编辑页面,在"代码"视图编辑页面中找到如下代码:

```
<?php echo $row_Rs['vote']; ?> / <?php echo $row_Rs1['sum']; ?>
//相应百分比的代码
```

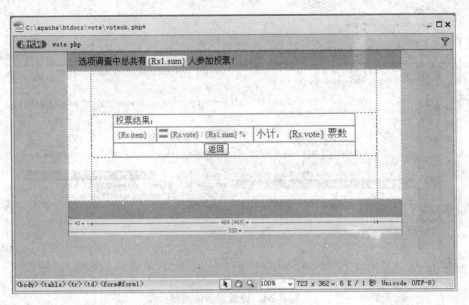

图 6-33 字段的插入

step 07 按下的面步骤修改此段代码。

① 去掉"/"前面的?>和"/"后面的"<?php",得到如下代码:

```
<?php echo $row_Rs['vote']/$row_Rs1['sum'] ?>
```

② 把"<?php echo"和"?>"之间的代码用括号括上,得到如下代码:

```
<?php echo ($row_Rs['vote']/$row_Rs1['sum']) ?> %
```

③ 在代码后面加入"*100",得到如下代码:

```
<?php echo ($row_Rs['vote']/$row_Rs1['sum']) * 100 ?> %
```

④ 在代码前面加入"round",在"*100"前面加入小数点保留位数 4,并用括号括上,得到如下代码:

```
<?php echo round(($row_Rs['vote']/$row_Rs1['sum']),4)*100 ?>%
```

step 08 代码修改之后,因为控制网页中的长度也是用到这段代码,所以将这段代码进行复制,然后再单击 代码 按钮,切换到"代码"窗口,选择<img>中的 width 的值,将其代码进行粘贴,因为在图案中没有用到小数点的设置,所以将代码前面的 round 和保留位数 4 删除,得到的代码为:

```
width="<?php echo round(($row_Rs['vote']/$row_Rs1['sum']),4)*100 ?>%"
```

这样,图像就可以根据比例的大小进行宽度的缩放了,具体设置如图 6-34 所示。

图 6-34　设置图像的缩放

step 09 单击 设计 按钮，回到"设计"编辑窗口，加入"服务器行为"中的"重复区域"命令，选择 voteok.php 页面中需要重复的表格，如图 6-35 所示。

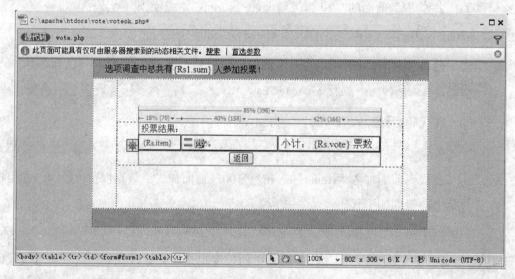

图 6-35　选择需要重复的表格

step 10 单击"应用程序"面板群组中的"服务器行为"标签上的 ➕ 按钮，在弹出的下拉菜单中选择"重复区域"选项，在打开的"重复区域"对话框中设定显示 Rs 记录集中的所有记录，如图 6-36 所示。

step 11 单击 确定 按钮回到编辑页面，会发现先前所选取的区域左上角出现了一个"重复"灰色标签，这表示已经完成设置。

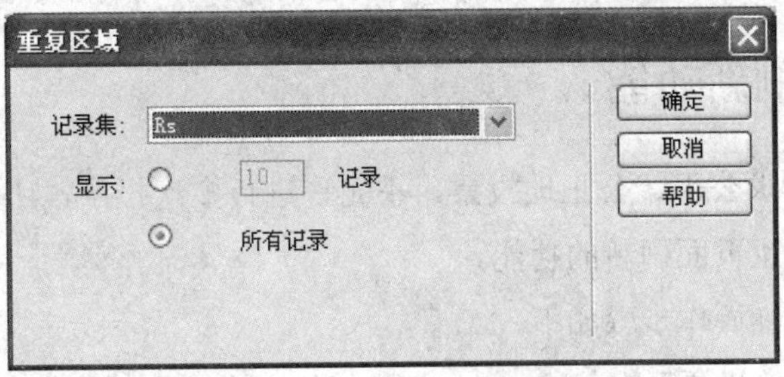

图 6-36 "重复区域"对话框

step 12 单击页面中的"返回"按钮,打开"标签检查器"面板,单击 行为 标签,再单击面板上的 +. 按钮,从弹出的下拉菜单中选择"转到 URL"选项,在打开的"转到 URL"对话框的 URL 文本框中输入要转到的文件"vote.php",如图 6-37 所示。

图 6-37 输入转到 URL 的文件地址

step 13 单击 确定 按钮,完成显示结果页面 voteok.php 的设置,测试浏览效果如图 6-38 所示。

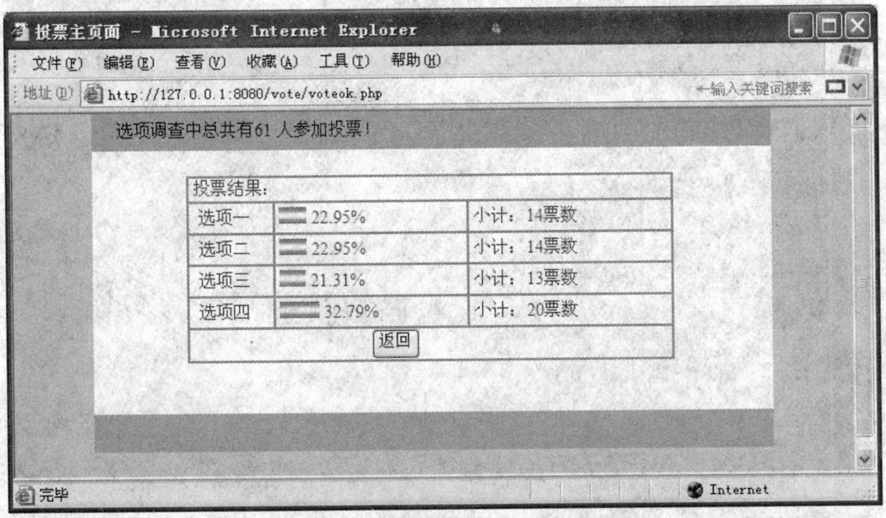

图 6-38 显示投票结果页面的效果

3.4 防止页面刷新功能

投票管理系统要求公平、公正地投票，不允许进行多次投票，所以在设计投票开始系统时，有必要加入防止页面刷新的功能。

实现该功能的详细操作步骤如下。

step 01 打开开始投票页面 vote.php，把光标放在表单中，从菜单栏中选择"插入"→"表单"→"隐藏域"命令，插入一个隐藏字段"voteip"。

step 02 单击隐藏域图标，打开"属性"面板。设置隐藏域的值为"<?php echo $_SERVER['REMOTE_ADDR']; ?>"，取得用户 IP 地址，如图 6-39 所示。

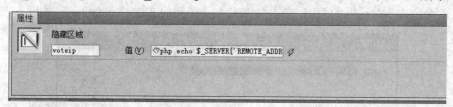

图 6-39　设置隐藏域的值

step 03 将实现防止刷新的程序放到 voteadd.php 页面里面。新建 voteadd.php(计算投票)页面，在相应的位置加入代码，如图 6-40 所示。

```
<meta http-equiv="Content-Type" content="text/html; charset=utf-8" />
<?php
if (empty($_POST['ID'])){
    echo "您没选择投票的项目";
    exit(0);
}//判断是否选择了投票的选项
else
$voteip=strval($_POST['voteip']);//赋值变量voteip为上一页传递过来的voteip值
$con = mysql_connect("localhost","root","admin");
//建立数据库连接
if (!$con)
{
    die('数据库连接出错：' . mysql_error());
}//如果数据库连接出错，显示错误
mysql_select_db("vote", $con);
//查询vote数据库
$sql=mysql_query("select * from ip where voteid='".$voteip."'");
//以voteid=voteip为条件查询数据表ip
$info=mysql_fetch_array($sql);
//从结果集中取得一行作为关联数组info
if($info==true)//如果值为真，说明数据库中有ip地址，已经投过票
{
    header("location:sorry.php");  //转到voteok.php
    exit;
}
else
{
    mysql_query("INSERT INTO ip (voteid) VALUES ('".$voteip."')");
    //如果没有则将ip地址插入到ip数据表中
}
mysql_close($con);
$ID=strval($_POST['ID']);//赋值ID变量为上一页传递过来的ID值
$conn = mysql_connect("localhost","root","admin");
//建立数据库连接
if (!$conn)
{
    die('数据库连接出错：' . mysql_error());
}//如果数据库连接出错，显示错误
mysql_select_db("vote", $conn);  //查询vote数据
mysql_query("UPDATE vote SET vote = vote + 1 WHERE ID = '".$ID."'");
//根据ID更新数据vote，并自动加一
mysql_close($conn);
header("location:voteok.php");  //转到voteok.php
?>
```

图 6-40　加入防止刷新的代码

具体的代码分析如下：

```php
<meta http-equiv="Content-Type" content="text/html; charset=utf-8" />
<?php
if (empty($_POST['ID'])) {
    echo "您没选择投票的项目";
    exit(0);
} //判断是否选择了投票的选项
else {
    $voteip = strval($_POST['voteip']);
    //赋值变量 voteip 为上一页传递过来的 voteip 值
    $con = mysql_connect("localhost", "root", "admin");
    //建立数据库连接
    if (!$con) {
        die('数据库连接出错: ' . mysql_error());
    } //如果数据库连接出错，显示错误
    mysql_select_db("vote", $con); //查询 vote 数据库
    $sql = mysql_query("select * from ip where voteid = '".$voteip."'");
    //以 voteid = voteip 为条件查询数据表 ip
    $info = mysql_fetch_array($sql);
    //从结果集中取得一行作为关联数组 info
    if($info == true) {     //如果值为真，说明数据库中有 IP 地址，已经投过票
        header("location:sorry.php");  //转到 voteok.php
        exit;
    } else {   //如果没有，则将 IP 地址插入到 ip 数据表中
        mysql_query("INSERT INTO ip (voteid) VALUES ('".$voteip."')");
    }
    mysql_close($con);
    $ID = strval($_POST['ID']);
    //赋值 ID 变量为上一页传递过来的 ID 值
    $conn = mysql_connect("localhost", "root", "admin");
    //建立数据库连接
    if (!$conn)
    {
        die('数据库连接出错: ' . mysql_error());
    } //如果数据库连接出错，显示错误
    mysql_select_db("vote", $conn);  //查询 vote 数据
    mysql_query("UPDATE vote SET vote = vote + 1 WHERE ID = '".$ID."'");
    //根据 ID 更新数表 vote，并自动加 1
    mysql_close($conn);
    header("location:voteok.php"); //转到 voteok.php
}
?>
```

step 04 完成防止页面刷新设置。当用户再次投票时，系统可以根据 IP 的唯一性进行判断。当用户再次投票的时候，将转到投票失败页面 sorry.php，页面设计如图 6-41 所示。

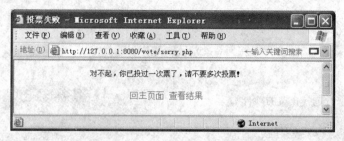

图 6-41 投票失败页面的效果

在 sorry.php 页面中有两个页面链接,选中文本后,分别在属性面板中设置"回主页面"链接到 vote.php、"查看结果"链接到 voteok.php 即可。

任务 4　在线投票管理系统的测试

投票管理系统设计完成之后,可以对设计的系统进行测试,按下 F12 键或打开 IE 浏览器,输入 http://127.0.0.1/vote/vote.php,即可开始进行测试。测试步骤如下。

step 01 打开 Dreamweaver 中的 vote.php 文件,开始投票页面的效果如图 6-42 所示。

图 6-42　打开的开始投票页面

step 02 不选择任何选项，单击"投票"按钮，则出现提示"您没选择投票的项目"，如图 6-43 所示。

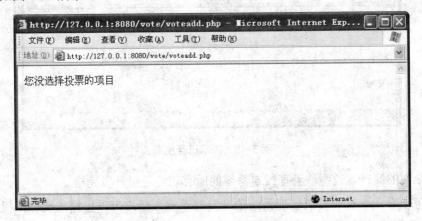

图 6-43　没选择项目的错误提示

step 03 选择投票箱中的其中一项，再单击"投票"按钮，开始投票。

step 04 单击"投票"按钮后，打开的页面不是 voteadd.php，因为 voteadd.php 只是计算投票数的一个统计数字页面，打开的页面是显示投票结果页面 voteok.php，voteok.php 页面是 voteadd.php 转过来的一个页面，效果如图 6-44 所示。

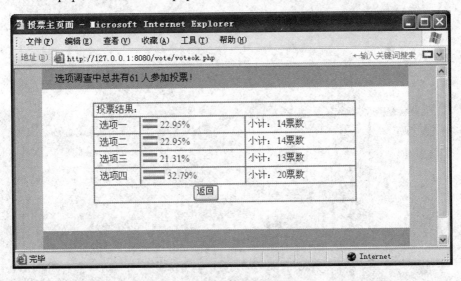

图 6-44　显示投票结果页面的效果

step 05 单击"返回"按钮，回到投票页面 vote.php 中。当用户试图再次投票时，将打开投票失败页面 sorry.php，如图 6-45 所示。

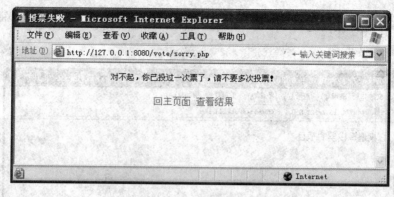

图 6-45 提示已经投票

通过上面的测试，说明该管理投票系统的所有功能已经开发完毕。

读者可以看到，在线投票管理系统的开发并不难，用户可以根据需要修改投票的选择项，经过修改后的投票系统可以适用于任何大型网站。

模块七
新闻管理系统实例的设计

新闻管理系统主要实现对新闻的分类、发布，模拟一般新闻媒介的发布过程。

新闻管理系统的作用就是在网上传播，通过对新闻的不断更新，让用户及时了解行业信息、企业状况以及需要了解的一些知识。

以 PHP 实现这些功能相对比较简单，涉及的主要操作就是访问者的新闻查询功能，以及管理员对新闻的新增、修改、删除功能。

本例就来介绍使用 PHP 开发一个新闻管理系统的方法。

●本模块的任务重点●

- 新闻管理系统网页结构的整体设计
- 新闻系统数据库的规划
- 新闻管理系统前台新闻的发布功能页面制作
- 新闻管理系统分类功能的设计
- 新闻管理系统后台新增、修改、删除功能的实现

任务1 新闻管理系统的规划

使用 PHP 开发新闻管理系统，在技术上主要体现为如何在首页上显示新闻内容，以及对新闻及新闻分类的修改和删除。一个完整的新闻管理系统共分为两大部分，一是访问者访问新闻的动态网页，二是后台管理者对新闻进行编辑的动态网页。

1.1 系统的页面设计

在本地站点上建立站点文件夹 news，用于存放制作的新闻管理系统文件夹和文件，如图 7-1 所示。

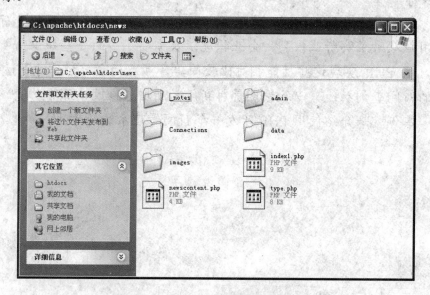

图 7-1 站点规划文件夹和文件

本系统页面共有 11 个，整体系统页面的功能和文件名称如表 7-1 所示。

表 7-1 新闻管理系统中各网页的功能

页 面	功 能
index.php	显示新闻分类和最新新闻页面
type.php	显示新闻分类中的新闻标题页面
newscontent.php	显示新闻内容页面
admin_lobin.php	管理者登录页面
admin.php	管理新闻主页面
news_add.php	增加新闻的页面
news_upd.php	修改新闻的页面

续表

页面	功能
news_del.php	删除新闻的页面
type_add.php	增加新闻分类的页面
type_upd.php	修改新闻分类的页面
type_del.php	删除新闻分类的页面

1.2 系统的美工设计

本新闻管理系统实例在色调上选择蓝色作为主色调，网页的美工设计相对比较简单，完成的新闻系统首页 index.php 的效果如图 7-2 所示。

图 7-2 首页 index.php 的效果

新闻管理系统后台也是重要的，登录后台的效果如图 7-3 所示。

图 7-3 后台管理页面的效果

任务 2 系统数据库的设计

制作一个新闻管理系统时，首先要设计一个储存新闻内容、管理员账号和密码的数据库文件，方便管理人员对新闻数据信息进行管理和完善。

2.1 新闻数据库设计

新闻管理系统需要一个用来存储新闻标题和新闻内容的新闻信息表 news，还要建立一个新闻分类表 newstype 和一个管理信息表 admin。

制作步骤如下。

step 01 在 phpMyAdmin 中建立数据库 news，单击"数据库"命令 数据库 打开本地的"数据库管理页面"，在"新建数据库"文本框中输入数据库名称"news"，单击后面的数据库类型下拉菜单，从弹出的选择项中选择"utf8_bin"，单击 创建 按钮，返回"常规设置"页面，在数据库中就建立了 news 数据库，如图 7-4 所示。

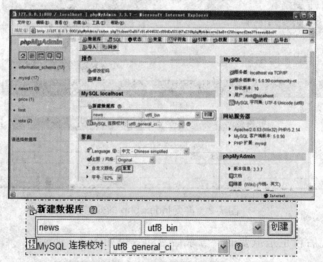

图 7-4 创建 news 数据库

step 02 单击左边的 news 数据库将其连接上，打开"新建数据表"页面，分别输入数据表名 "news"、"newstype" 和 "admin"，即创建 3 个数据表。创建的 news 数据表如图 7-5 所示。输入数据域名以及设置数据域位的相关数据，数据表 news 的字段说明如表 7-2 所示。

step 03 创建 newstype 数据表，用于储存新闻分类，输入数据域名以及设置数据域位的相关数据，如图 7-6 所示。newstype 数据表的字段及说明如表 7-3 所示。

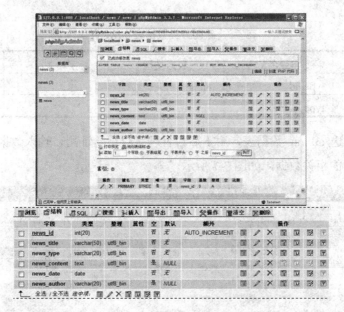

图 7-5 创建的 news 数据表

表 7-2 新闻数据表 news

意 义	字段名称	数据类型	字段大小	必填字段
主题编号	news_id	integer	20	是
新闻标题	news_title	varchar	50	是
新闻分类编号	news_type	varchar	20	是
新闻内容	news_content	text		
新闻加入时间	news_date	date		是
编辑者	news_author	varchar	20	

图 7-6 创建 newstype 数据表

表 7-3　新闻分类数据表 newstype

意　义	字段名称	数据类型	字段大小	必填字段
主题编号	type_id	integer	11	是
新闻分类	type_name	varchar	50	是

step 04 创建 admin 数据表，用于后台管理者登录验证用，输入数据域名以及设置数据域位的相关数据，如图 7-7 所示。

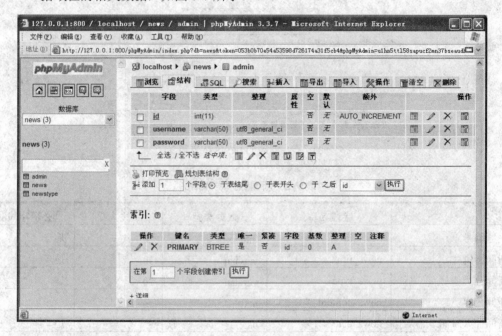

图 7-7　创建的 admin 数据表

admin 数据表的字段及说明如表 7-4 所示。

表 7-4　管理信息数据表 admin

意　义	字段名称	数据类型	字段大小	必填字段
主题编号	id	自动编号	长整型	
用户名	username	文本	50	是
密码	password	文本	50	是

在创建上述数据表时，其中有的涉及到新闻保存时的时间问题，使用 PHP 实现获取系统默认即时时间，可以使用两种方法，一种是在网页 PHP 中用 date()和 time()函数来实现，另一种是直接取 MySQL 数据库中的 Now()时间，考虑到因为后期数据量大需要减少服务器工作量，我们优先采用在网页使用 PHP 获取时间的方法，具体的实现方法在新增新闻页面的设计时会讲解到。

2.2 创建系统站点

在 Dreamweaver CS5.5 中创建一个"新闻管理系统"网站站点 news，由于这是 PHP 数据库网站，因此必须设置本机数据库和测试服务器，主要的设置如表 7-5 所示。

表 7-5 站点设置参数

站点名称	news
本机根目录	C:\apache\htdocs\news
测试服务器	C:\apache\htdocs
网站测试地址	http://127.0.0.1/news
MySQL 服务器地址	C:\apache\MySQL-5.0.90\data\news
管理账号/密码	root/admin
数据库名称	news

创建 news 站点的具体操作步骤如下。

step 01 首先在 C:\apache\htdocs 路径下建立 news 文件夹，系统所建立的网页文件都将存放在该文件夹下，如图 7-8 所示。

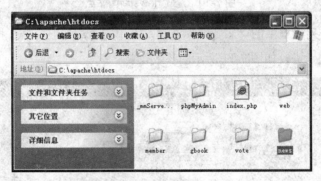

图 7-8 建立站点文件夹 news

step 02 运行 Dreamweaver CS5.5，选择菜单栏中的"站点"→"管理站点"命令，打开"管理站点"对话框，如图 7-9 所示。

图 7-9 "管理站点"对话框

step 03 对话框的左边是站点列表框,其中显示所有已经定义的站点。单击 新建(N)... 按钮,打开"站点设置对象"对话框,进行如图 7-10 所示的参数设置。

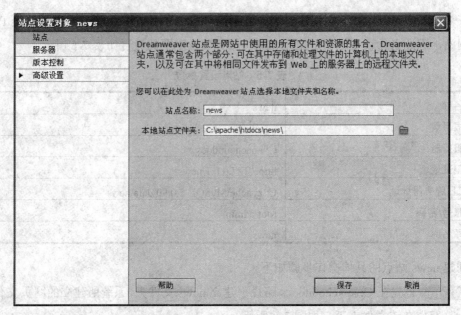

图 7-10 建立 news 新闻站点

step 04 单击列表框中的"服务器"选项,并单击"添加服务器"按钮 ➕,打开"基本"选项卡进行如图 7-11 所示的参数设置。

图 7-11 "基本"选项卡的设置

step 05 设置后,再单击"高级"选项卡,打开"高级"服务器设置界面,选中"维护同步信息"复选框,在"服务器模型"下拉列表项中选择"PHP MySQL",表示是使用 PHP 开发的网页,其他的保持默认值,如图 7-12 所示。

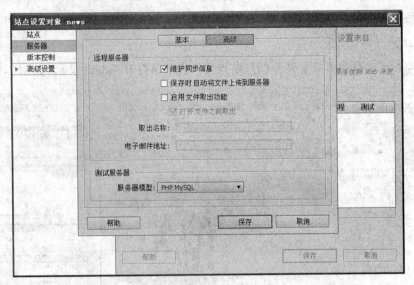

图 7-12 设置"高级"选项卡

step 06 单击 保存 按钮,返回"服务器"设置界面,选中"测试"复选框,如图 7-13 所示。

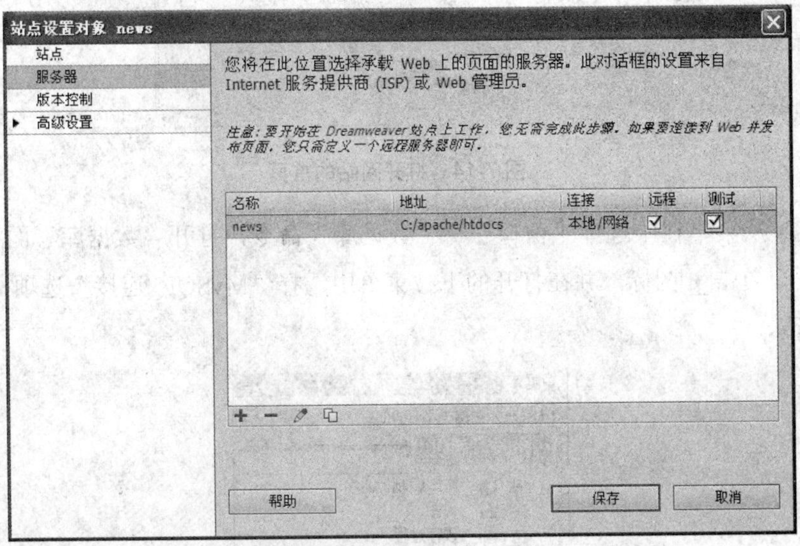

图 7-13 选中"测试"复选框

step 07 单击 保存 按钮,则完成站点的定义设置。在 Dreamweaver CS5.5 中就有了刚才设置的站点 news。单击 完成(D) 按钮,关闭"管理站点"对话框,这样就完成了 Dreamweaver CS5.5 测试用户管理系统网页的网站环境设置。

2.3 数据库的连接

建立数据库后,要在 Dreamweaver CS5.5 中连接 news 数据库,连接新闻管理系统数据库的步骤如下。

step 01 将涉及的本章文件复制到站点文件夹下,打开 index1.php,如图 7-14 所示。

图 7-14 打开网站的首页

step 02 从菜单栏中选择"窗口"→"数据库"命令,打开"数据库"面板,在该面板上单击 图标,并在打开的下拉菜单中选择"MySQL 连接"选项,如图 7-15 所示。

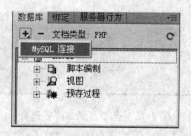

图 7-15 选择"MySQL 连接"

step 03 在"MySQL 连接"对话框中,输入连接名称为"news"、MySQL 服务器名为"localhost"、用户名为"root"、密码为"admin"。选取所要建立连接的数据库，可以单击 选取... 按钮浏览 MySQL 服务器上的所有数据库。选择刚建立的范例数据库 news，具体内容设置如图 7-16 所示。

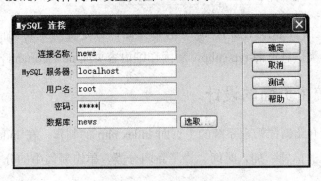

图 7-16 设置 "MySQL 连接" 的参数

step 04 单击 测试 按钮，测试与 MySQL 数据库的连接是否正确，如果正确，则弹出一个提示消息框，表示数据库连接成功，具体内容如图 7-17 所示。

图 7-17 设置成功

step 05 单击 确定 按钮，则返回编辑页面，在 "数据库" 面板中显示绑定过来的数据库，如图 7-18 所示。

图 7-18 绑定的数据库 news

任务 3 新闻系统页面

新闻管理系统前台部分主要有 3 个动态页面,分别是用来访问的首页新闻主页面 index.php,新闻分类信息页面 type.php,新闻详细内容页面 newscontent.php。

3.1 新闻系统主页面的设计

在本节中主要介绍新闻管理系统的主页面 index.php 的制作,在 index.php 页面中,主要有显示最新新闻的标题、加入时间、显示新闻分类、单击新闻中的分类进入分类子页面查看新闻等功能。

制作的步骤如下。

step 01 新建 index.php 文档,输入网页标题"新闻首页",在页面中插入一个 3×1 表格 A(为叙述准确,以英语字母顺序命名表格),宽 768,居中对齐,其他为 0。在第一行单元格中插入图片 images/top.gif,在第三行单元格中插入图片 images/di.gif,背景色均设为#FFFFFF。

step 02 设置第二行单元格的高度为 192,背景色为#FFFFFF,插入一个 2×2 的表格 B,宽 768,列宽分别为 150 和 618。合并表格 B 第一行的两个单元格,设置为垂直顶端对齐,插入一个 3×1 表格 C,宽度为 150。设置第二行第一个单元格的宽为 618,高为 25,在该单元格内插入表单,再在表单内插入一个 1×1 的表格 D,宽为 618,高为 20,背景色为#FFFFFF。在表格 B 的第二列第二行单元格内插入一个 3×3 的表格 E,宽度为 96%,边框为 1,列宽分别为 44%、37%和 19%,行高分别为 30、25、25,合并第一行单元格。在表格 E 下方插入一个 1×4 的表格,宽度为 583,其他为 0。

step 03 在表格 B 的第 1 行单元格,输入文字"新闻分类",然后单击"绑定"面板上的 + 按钮,从弹出的菜单中选择"记录集(查询)"选项,创建记录集并进行如下设置:

- 在"名称"文本框中输入"Recordset1"作为该记录集的名称。
- 从"连接"下拉列表框中选择数据源连接对象"news"。
- 从"表格"下拉列表框中选择使用的数据库表对象为"newstype"。
- 在"列"栏中选中"全部"单选按钮。

完成的设置情况如图 7-19 所示。

step 04 绑定记录集后,将记录集相关字段插入 index1.php 网页的适当位置,如图 7-20 所示。

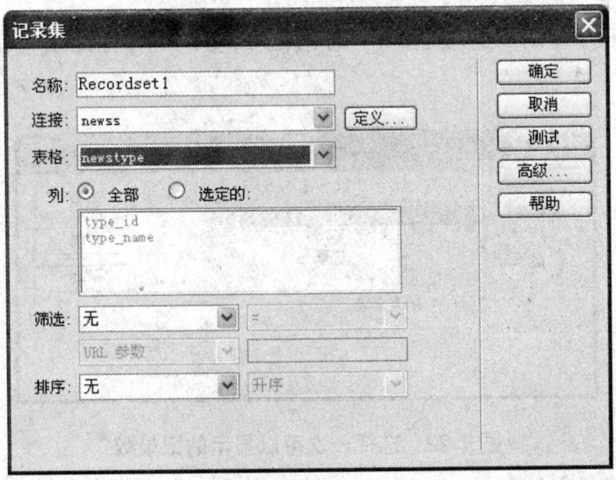

图 7-19 "记录集"对话框

图 7-20 插入到 index1.php 网页中

step 05 由于要在 index1.php 页面中显示数据库中所有新闻分类的标题,而目前的设定只会显示数据库的第一笔数据,因此需要加入"服务器行为"中的"重复区域"的命令,选择{Recordsetl.type_name}所在的行,如图 7-21 所示。

图 7-21 选择要重复显示的一列

step 06 单击"服务器行为"标签上的 + 按钮,从弹出的下拉菜单中选择"重复区域"

选项，并在打开的"重复区域"对话框中选中"所有记录"单选按钮，如图 7-22 所示。

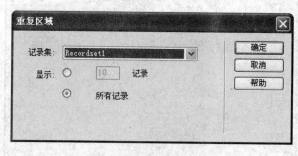

图 7-22 选择一次可以显示的记录数

step 07 单击 确定 按钮回到编辑页面，会发现先前所选取的区域左上角出现了一个"重复"灰色标签，这表示已经完成了设置。

step 08 除了显示网站中的所有新闻分类标题外，还要提供访问者感兴趣的新闻分类标题链接，来实现详细内容的阅读，为了实现这个功能，首先要选取编辑页面中的新闻分类标题字段，如图 7-23 所示。

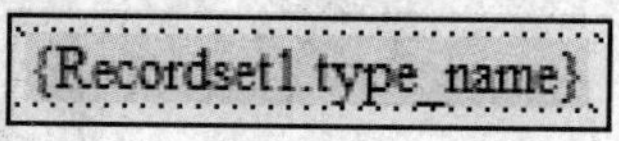

{Recordset1.type_name}

图 7-23 选择新闻分类标题

step 09 在"属性"面板中找到建立链接的部分，并单击"浏览文件"图标，在弹出的对话框中选择用来显示详细记录信息的页面 type.php，如图 5-24 所示。

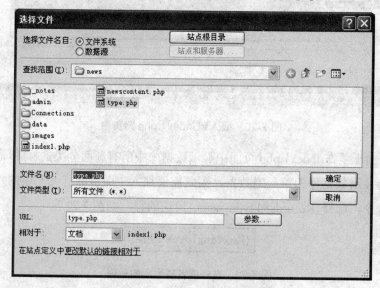

图 7-24 选择链接的文件

step 10 单击 参数... 按钮，设置超级链接要附带的 URL 参数的名称和值。将参数名称命名为 id，如图 7-25 所示。

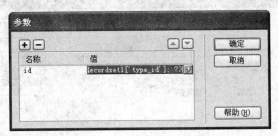

图 7-25 "参数"对话框

step 11 单击 确定 按钮回到编辑页面，主页面 index1.php 中新闻分类的制作已经完成，最新新闻的显示页面的设计效果如图 7-26 所示。

图 7-26 最新新闻的显示页面的设计效果

step 12 单击"应用程序"面板中的"绑定"标签上的 + 按钮，从弹出的下拉菜单中选择"记录集(查询)"选项，打开"记录集"对话框，在该对话框中进行如下设置：
- 在"名称"文本框中输入"Re1"作为该记录集的名称。
- 从"连接"下拉列表框中，选择数据源连接对象"news"。
- 从"表格"下拉列表框中，选择使用的数据库表对象为"news"。
- 在"列"栏中选中"全部"单选按钮。
- 将"排序"设置为"news_id"→"降序"。

设置完成的情况如图 7-27 所示。

图 7-27 "记录集"对话框的设置

step 13 绑定"记录集"后,将记录集的字段插入到 index1.php 网页的适当位置。

step 14 由于要在 index1.php 页面中显示数据库中部分新闻的信息,而目前的设定只会显示数据库的第一笔数据,因此,需要加入"服务器行为"中的"重复区域"的设置,单击 index1.php 页面中的最新新闻标题记录表格,如图 7-28 所示。

图 7-28 单击选择需要重复的选区

step 15 单击"应用程序"面板群组中的"服务器行为"标签上的 + 按钮,从弹出的下拉菜单中选择"重复区域"选项,在弹出的"重复区域"对话框中设置要重复的记录条数(例如 10 条),如图 7-29 所示。

step 16 单击 确定 按钮,回到编辑页面,会发现先前所选取的区域左上角出现了一个"重复"的灰色标签,这表示已经完成设定。

step 17 由于最新新闻这个功能除了显示网站中的部分新闻外,还要将访问者感兴趣的新闻标题链接至详细内容来阅读,所以首先选取"查看"文字,如图 7-30 所示。

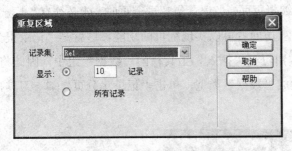

图 7-29 选择一次可以显示的记录数　　　图 7-30 选择新闻分类标题"查看"

step 18 在"属性"面板中找到建立链接的部分,并单击"浏览文件"图标 ,从弹出的对话框中选择用来显示详细记录信息的页面 newscontent.php,如图 7-31 所示。

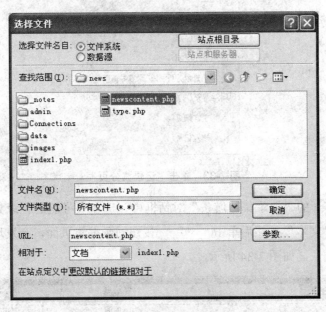

图 7-31 选择链接文件

step 19 单击 参数... 按钮,设置超级链接要附带的 URL 参数的名称和值。将参数名称命名为 news_id,如图 7-32 所示。

图 7-32 "参数"对话框

step 20 单击 确定 按钮回到编辑页面,当记录集超过一页时,就必须有"上一页"、"下一页"等按钮或文字,让访问者可以实现翻页的功能,这就是"记录集分页"的功能。"记录集分页"按钮位于"插入"工具栏的"数据"组中,因此将"插入"工具栏由"常用"切换成"数据"类型,单击"记录集分页" 工具按钮,如图 7-33 所示。

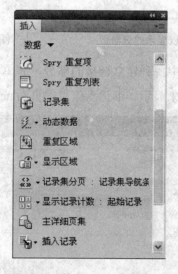

图 7-33 单击"记录集分页"

step 21 在打开的"记录集导航条"对话框中,选取要导航的记录集以及导航条的显示方式"文本",然后单击 确定 按钮回到编辑页面,会发现页面出现该记录集的导航条,如图 7-34 所示。

图 7-34 添加"记录集导航条"

step 22 如果希望看到总共有多少记录，当前记录是第几条，那么必须插入"记录集导航状态"，在"插入"工具栏的"数据"类型中，单击"显示记录计数"工具按钮，在弹出的快捷菜单中，选取要导航状态的记录集为 Re1，然后单击 确定 按钮回到编辑页面，会发现页面出现该记录集的导航状态，如图 7-35 所示。

图 7-35 添加计数器

step 23 index1.php 这个页面需要加入"查询"的功能，这样，新闻管理系统日后才不会出现因数据太多而有不易访问的情形，设计如图 7-36 所示。

图 7-36 搜索主题设计

注意： 利用表单及相关的表单组件来制作以关键词查询数据的功能，需要注意如图 7-36 所示的内容都在一个表单之中，"查询主题"后面的文本框的命名为 keyword，"查询"按钮为一个提交表单按钮。

step 24 在此要将先前建立的记录集 Re1 做一下更改，打开"记录集"对话框，并进入"高级"设置，在原有的 SQL 语法中加入一段查询功能的语法：

WHERE news_title like '%".$keyword."%'

那么以前的 SQL 语句将变成如图 7-37 所示。

> 注意: 其中 like 表示进行模糊查询，%表示任意字符，而 keyword 是个变量，分别代表关键词。

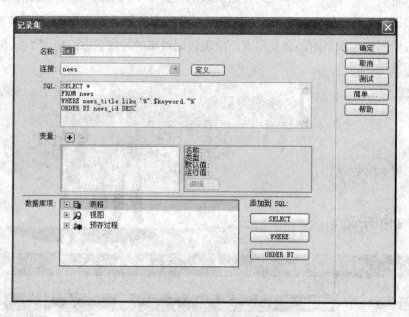

图 7-37 修改 SQL 语句

step 25 切换到代码设计窗口，找到 Re1 记录集相应的代码并加入如下代码：

```
$keyword = $_POST[keyword];
```

定义 keyword 为表单中 keyword 的请求变量，如图 7-38 所示。

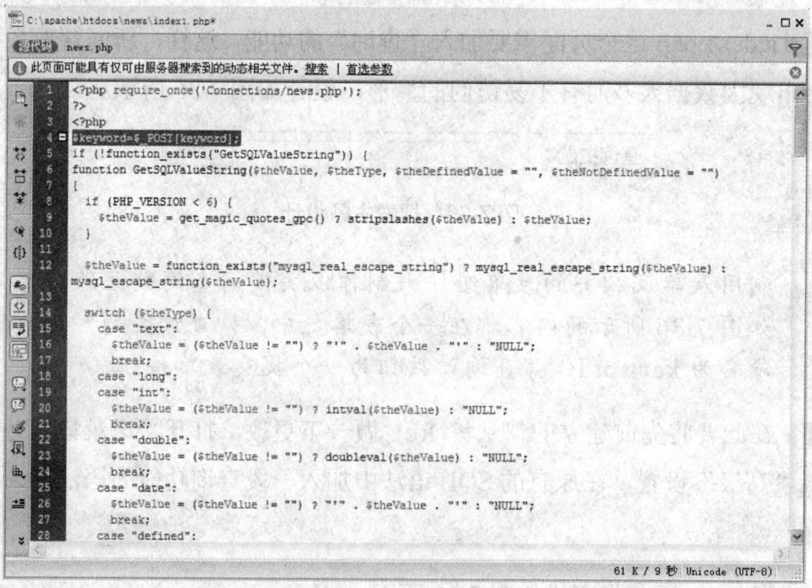

图 7-38 加入代码

step 26 以上的设置完成后，index1.php 系统主页面就有查询功能了，先在数据库中加入两条新闻数据，可以按下 F12 键在浏览器中测试一下是否能正确地查询。index1.php 页面中将会显示所有网站中的新闻分类主题和最新新闻标题，如图 7-39 所示。

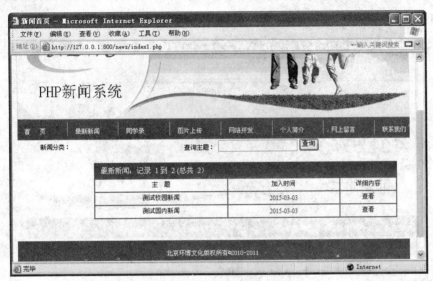

图 7-39　主页面的浏览效果

step 27 在"查询主题"文本框中输入"校园"关键词并单击"查询"按钮，结果显示，在查询结果页面中只包含有关"校园"的最新新闻主题，这样，查询功能就设计完成了，效果如图 7-40 所示。

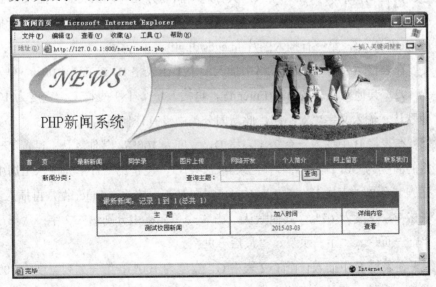

图 7-40　测试查询的效果

3.2 新闻分类页面的设计

新闻分类页面 type.php 用于显示每个新闻分类的页面，当访问者单击 index1.php 页面中的任何一个新闻分类标题时，都会打开相应的新闻分类页面，新闻分类页面的设计效果如图 7-41 所示。

图 7-41 新闻分类页面的效果

详细的操作步骤说明如下。

step 01 创建 type.php 页面，输入网页标题"新闻分类"，在页面中插入一个 3×1 表格 A，宽度为 768，居中对齐，背景色为#FFFFFF，其他默认。第一行插入图片 images/top.gif，第三行插入图片 images/di.gif。

step 02 在表格 A 的第二行单元格中插入一个 1×1 表格 B，宽度为 100%，单元格高度为 192，其他默认。按两次 Enter 键，再插入一个 1×1 表格 C，宽度为 100%，其他默认。输入文字"对不起，此新闻分类中没有任何新闻"。

step 03 在表格 B 中插入一个 2×1 表格 D，宽度为 100%，其他默认。设置第一行单元格的高度为 30，输入文本"记录到(总共)"，设置第二行单元格水平居中对齐，插入一个 2×1 表格 E，宽度为 67%，居中对齐，按两次 Enter 键，再插入一个 1×4 表格 F，宽度为 67%，其他默认。在 4 个单元格中分别输入文字："第一页"、"前一页"、"下一页"、"最后一页"。

step 04 在表格 E 中插入一个 1×2 表格 G，宽度为 100%，第一列列宽度为 80%，其他默认。在第一列的单元格中输入文字"新闻标题："，在第二列的单元格中输入文字"详细内容"。

step 05 type.php 这个页面主要是显示所有新闻分类标题的数据，所使用的数据表是 news，单击"绑定"面板中的"增加" 按钮，从弹出的下拉菜单中选择"记录集(查询)"选项，在打开的"记录集"对话框中进行如下设置：
- 在"名称"文本框中输入"Recordsetl"作为该记录集的名称。
- 从"连接"下拉列表框中，选择数据源连接对象"news"。
- 从"表格"下拉列表框中，选择使用的数据库表对象为"news"。
- 在"列"栏中选中"全部"单选按钮。
- 设置"筛选"的条件为"news_id"→"="→"URL 参数"→"id"。
- 设置"排序"方法为"news_id"→"升序"。

设置完成后，单击 确定 按钮，如图 7-42 所示。

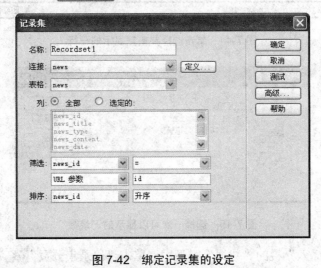

图 7-42 绑定记录集的设定

step 06 绑定记录集后，将记录集的字段 title 插入到 type.php 网页表格 G 中的文字"新闻标题："的后面，为文字"详细内容"创建带参数链接"newscontent.php?news_id=<?php echo $row_Recordset1['news_id']; ?>"，链接到 newscontent.php 网页，如图 7-43 所示。

step 07 为了显示所有记录，需要加入"服务器行为"中的"重复区域"的命令，单击 type.php 页面中需要重复的表格 G，如图 7-44 所示。

step 08 单击"应用程序"面板中"服务器行为"标签上的 按钮，从弹出的菜单中，选择"重复区域"的选项，打开"重复区域"对话框，设定一页显示的数据为 10 条，如图 7-45 所示。

step 09 单击 确定 按钮，回到编辑页面，会发现先前所选取的区域左上角出现一个"重复"灰色标签，表示已经完成设置。

图 7-43　插入至 type.php 网页中

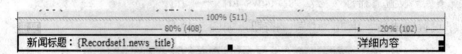

图 7-44　单击选择要重复显示的一行

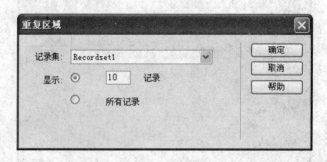

图 7-45　选择一次可以显示的记录数

step 10　在"插入"栏的"数据"类型中，单击"记录集分页" 按钮，弹出"记录集导航条"对话框，在打开的对话框中选取"Recordset1"记录集以及导航条的显示方式，然后单击 确定 按钮回到编辑页面，会发现页面中出现了该记录集的导航条，如图 7-46 所示。

图 7-46　添加"记录集导航条"

step 11　在"插入"栏的"数据"类型中，单击"显示记录计数" 工具按钮，从弹出的菜单中，选取要导航状态的记录集为"Recordset1"，然后单击 确定 按钮回到编辑页面，会发现页面中出现了该记录集的导航状态，如图 7-47 所示。

图 7-47 添加"记录集导航状态"

step 12 选取文字"详细内容",在"属性"面板中找到建立链接的部分,并单击"浏览文件"图标,在弹出的对话框中选择用来显示详细记录信息的页面"newscontent.php",设置如图 7-48 所示。

图 7-48 选择链接文件

step 13 单击 参数... 按钮,设置超级链接要附带的 URL 参数的名称和值。将参数名称命名为"new_id",如图 7-49 所示。

图 7-49 "参数"对话框

step 14 选取记录集有数据时要显示的数据表格，如图 7-50 所示。

图 7-50 选择要显示的记录

step 15 单击"应用程序"面板中"服务器行为"标签上的 + 按钮，从弹出的下拉菜单中选择"显示区域"→"如果记录集不为空则显示区域"选项，打开"如果记录集不为空则显示区域"对话框，在"记录集"中选择"Recordset"，单击 确定 按钮回到编辑页面，会发现先前所选取要显示的区域左上角出现了一个"如果符合此条件则显示"的灰色卷标，表示已经完成了设置，如图 7-51 所示。

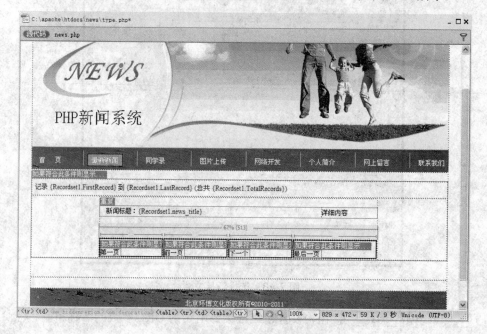

图 7-51 完成设置后的编辑页面

step 16 输入"对不起,此新闻分类中没有任何新闻"说明文字,同时选取记录集没有数据时要显示的数据表格,如图 7-52 所示。

对不起,此新闻分类中没有任何新闻

图 7-52 选择没有数据时显示的区域

step 17 单击"应用程序"面板中的"服务器行为"标签上的 + 按钮,从弹出的下拉菜单中选择"显示区域"→"如果记录集为空则显示区域"选项,在"记录集"中选择"Recordset1",再单击 确定 按钮回到编辑页面,会发现先前所选取要显示的区域左上角出现了一个"如果符合此条件则显示"的灰色卷标,表示已经完成设置,效果如图 7-53 所示。

图 7-53 完成设置后的编辑页面

到这里,新闻分类页面 type.php 的设计与制作就已经完成了。

3.3 新闻内容页面的设计

新闻内容页面 newscontent.php 用于显示每一条新闻的详细内容,这个页面设计的重点在于如何接收主页面 index1.php 和 type.php 传递过来的参数,并根据这个参数显示数据库中相应的数据。新闻内容页面的设计效果如图 7-54 所示。

图 7-54 新闻内容页面的设计效果

详细操作步骤如下。

step 01 创建"newscontent.php"页面。首先在页面中插入一个 3×1 表格 A,宽 768,居中对齐,背景色为#FFFFFF,其他默认。在第一行的单元格中插入 images/top.gif 图片,在第三行的单元格中插入 images/di.gif 图片,在第二个单元格中插入一个 1×1 表格 B,宽 768,边框为 0,其他默认。

step 02 在表格 B 中插入一个 3×2 表格 C,宽 768,列宽分别是 394、374。在表格第一行的第一个单元格中输入文字"新闻标题:",在表格第一行的第二个单元格中输入文字"加入时间:",合并第二、第三行的单元格,在合并后的第二行单元格中输入文字"新闻内容:",效果如图 7-55 所示。

图 7-55 设计新闻内容页面

step 03 ▶ 单击"绑定"面板中的➕按钮,从弹出的下拉菜单中选择"记录集(查询)"选项,在弹出的"记录集"对话框中进行如下设置:

- 在"名称"文本框中输入"Recordset1"作为该记录集的名称。
- 从"连接"下拉列表框中,选择数据源连接对象"news"。
- 从"表格"下拉列表框中,选择使用的数据库表对象为"news"。
- 在"列"栏中选中"全部"单选按钮。
- 设置"筛选"条件为"news_id"→"="→"URL 参数"→"news_id"。

再单击 确定 按钮后,就完成设定了,如图 7-56 所示。

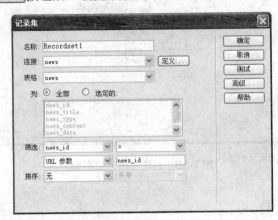

图 7-56 设定"记录集"

step 04 ▶ 绑定记录集后,将记录集的字段插入到 newscontent.php 页面中的适当位置,这样就完成了新闻内容页面 newscontent.php 的设置,如图 7-57 所示。

图 7-57 插入绑定字段

任务 4　后台管理页面

新闻管理系统后台管理对于网站很重要，管理者可以通过这个后台增加、修改或删除新闻内容和新闻的类型，使网站能随时维护最新、最实时的信息。系统管理登录入口页面的设计效果如图 7-58 所示。

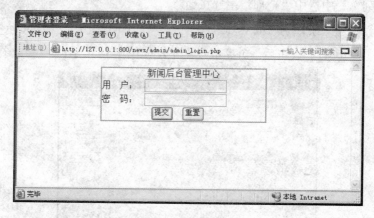

图 7-58　系统管理入口页面

4.1　后台管理登录

后台管理主页面必须受到权限管理，可以利用登录账号和密码来判别是否由此用户来实现权限的设置管理。

详细的操作步骤如下。

step 01 从菜单栏中选择"文件"→"新建"命令，创建新页面，输入网页标题"管理者登录"，从菜单栏中选择"文件"→"保存"命令，在站点 news 文件夹中的 admin 文件夹中，将该文档保存为"admin_logln.php"。

step 02 从菜单栏中选择"插入"→"表单"→"表单"命令，插入一个表单。

step 03 将光标放置在该表单中，从菜单栏中选择"插入"→"表格"命令，打开"表格"对话框，在"行数"文本框中输入需要插入表格的行数"4"。在"列数"文本框中输入需要插入表格的列数"2"。在"表格宽度"文本框中输入"400"像素，其他的选项保持默认值，如图 7-59 所示。

step 04 单击 确定 按钮，在该表单中插入了一个 4 行 2 列的表格，选择表格，在"属性"面板中设置"对齐方式"为"居中对齐"。拖动鼠标，选中第 1 行表格的所有单元格，在"属性"面板中单击 按钮，将第 1 行表格合并。用同样的方法将第 4 行合并。

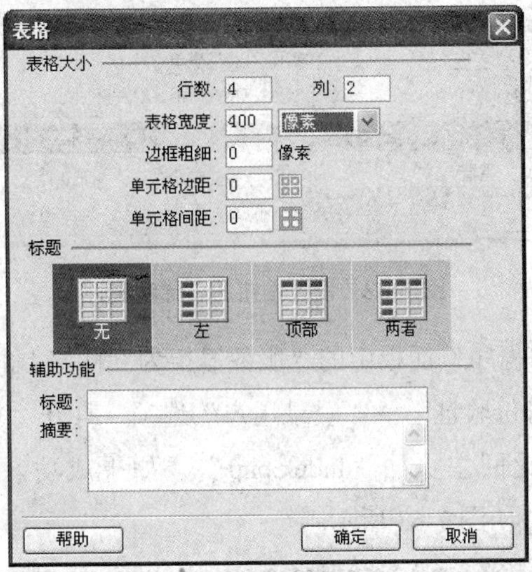

图 7-59 插入表格

step 05 在该表单的第 1 行中输入文字"新闻后台管理中心",在表格第 2 行第 1 个单元格中输入文字说明"账号:",在表格第 2 行的第 2 个单元格中单击"文本域"按钮,插入单行文本域表单对象,定义文本域名为"username",文本域的属性设置如图 7-60 所示。

图 7-60 账号文本域的设置

step 06 在表格第 3 行中,输入文字说明"密码:",在表格第 3 行的第 2 个单元格中单击"文本域"按钮,插入单行文本域,定义文本域名为"password",文本域属性的设置如图 7-61 所示。

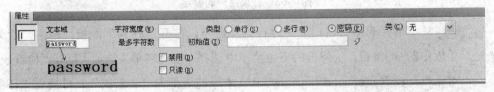

图 7-61 密码文本域的设置

step 07 单击选择第 4 行单元格,执行两次"插入"→"表单"→"按钮"菜单命令,插入两个按钮,并分别在"属性"面板中进行属性变更,一个为登录时用的"提交表单"选项,一个为"重设表单"选项,"属性"的设置如图 7-62 所示。

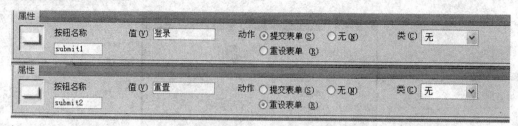

图 7-62 设置按钮的名称和属性

step 08 单击"应用程序"面板中的"服务器行为"标签上的 + 按钮,从弹出的菜单中选择"用户身份验证"→"登录用户"选项,打开"登录用户"对话框,设置如果不成功将返回主页面"index.php",如果成功,将登录后台管理主页面"admin.php",如图 7-63 所示。

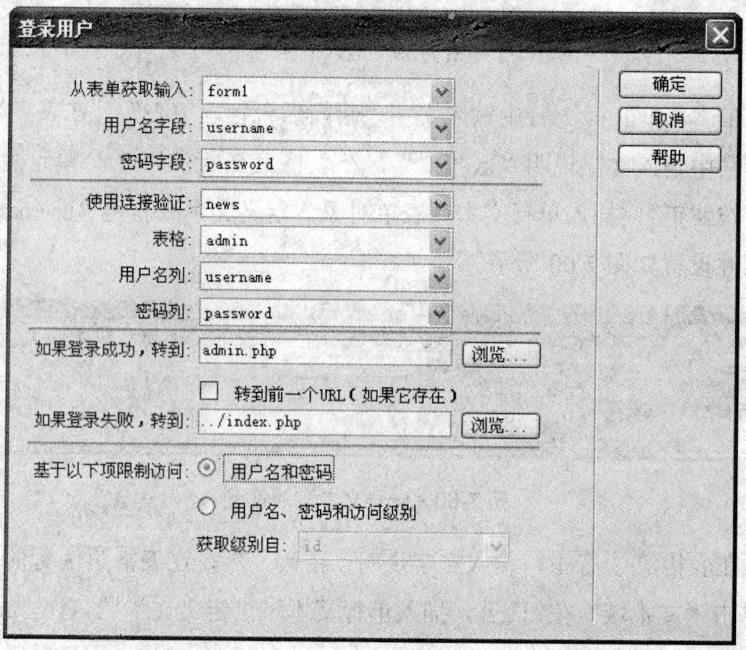

图 7-63 登录用户的设定

step 09 从菜单栏选择"窗口"→"行为"命令,打开"行为"面板,单击"行为"面板中的 + 按钮,从弹出的下拉菜单中选择"检查表单"选项,打开"检查表单"对话框,设置 username 和 password 文本域的值都为"必需的"、可接受"任何东西",如图 7-64 所示。

step 10 单击 确定 按钮,回到编辑页面,完成后台管理入口页面 admin_login.php 的设计与制作。

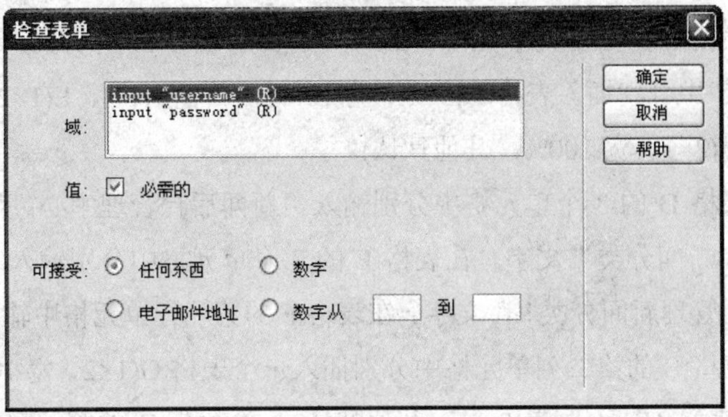

图 7-64 "检查表单"对话框

4.2 后台管理主页面

后台管理主页面是管理者在登录页面验证成功后所登录的页面，这个页面可以实现新增、修改或删除新闻内容和新闻分类的内容，使网站能随时保持最新、最实时的信息。页面的结构如图 7-65 所示。

图 7-65 后台管理主页面的效果

详细操作步骤如下。

step 01 创建 admin.php 页面，首先在页面中插入一个 3×1 表格 A，宽度 768，居中对齐，背景色为#FFFFFF，其他默认。在第一行的单元格中插入图片 images/top.gif，在第三行的单元格中插入图片 images/di.gif。在第二行的单元格中插入一个 1×3 表格 B，宽 768，边框 0，其他默认。各列列宽分别是：266、496 和 6，行高 222。

step 02 在表格 B 的第一列单元格中插入一个表格 C(1×1，宽 95%，高 222，其他默认)。在表格 C 中分别插入表格 D(3×1，宽 100%，其他默认)、E(1×2，宽 100%，其他默认)、F(2×1，宽 100%，其他默认)。

step 03 在表格 D 的 3 个单元格中分别输入"新闻后台管理中心："、"添加新闻"和"添加新闻分类"文字。在表格 E 的 3 个单元格中分别输入"管理员你好！"和"请你管理新闻分类！"文字。在表格 F 的第一行单元格中输入"类型管理"。

step 04 在表格 B 的第二列单元格中分别插入一个表格 G(1×2，宽 100%，高 20，其他默认)和表格 H(1×4，宽 90%，其他默认)。在表格 G 的第一列单元格(列宽 70%)输入文字"标题："，在第二列单元格中输入文字"[修改] [删除]"，居中对齐。在表格 H 的各列单元格中分别输入"第一页"、"前一页"、"下一页"和"最后一页"文字内容。

step 05 创建记录集"Re"。单击"绑定"面板上的 ➕ 按钮，从弹出的菜单中选择"记录集(查询)"选项，在"记录集"对话框中进行如下设置：

- 在"名称"文本框中输入"Re"作为该记录集的名称。
- 从"连接"下拉列表框中，选择数据源连接对象"news"。
- 从"表格"下拉列表框中，选择使用的数据库表对象为"news"。
- 在"列"栏中选中"全部"单选按钮。
- 将"排序"设置为"news_id"→"降序"方式。

完成的设置情况如图 7-66 所示。

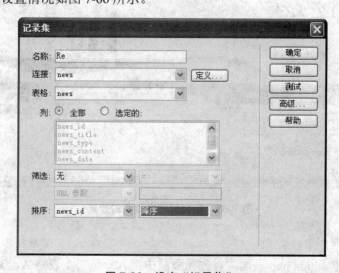

图 7-66 设定"记录集"

step 06 绑定记录集后，将 Re 记录集中的 news_title 字段插入到 admin.php 网页中的适当位置，如图 7-67 所示。

图 7-67　把记录集的字段插入到 admin.php 网页中

step 07　由于要加入"重复区域"命令，所以首先选择需要重复的表格，如图 7-68 所示。

图 7-68　选择重复的区域

step 08　单击"应用程序"面板群组中的"服务器行为"标签上的 ![+] 按钮，从弹出的下拉菜单中选择"重复区域"选项，打开"重复区域"对话框，设定一页显示的数据为 10 条记录，如图 7-69 所示。

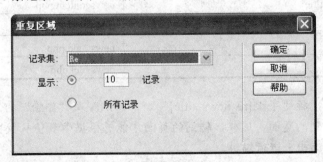

图 7-69　设置记录集显示的条数

step 09　单击 [确定] 按钮回到编辑页面，会发现先前所选取的区域左上角出现了一个"重复"灰色标签，这表示已经完成设定。

step 10　在"插入"栏的"数据"类型中，单击 工具按钮，打开"记录集导航条"对话框，选取 Re 记录集的显示方式为"文本"，然后单击 [确定] 按钮回到编辑页面,会发现页面出现该记录集的导航条,如图 7-70 所示。

图 7-70　页面中的效果

step 11　admin.php 是提供管理者链接至新闻编辑的页面,然后进行新增、修改与删除等操作,设置了 4 个链接,各链接的设置如表 7-6 所示。

表 7-6　admin.php 页面的链接设置

链　接　名	链接的页面
标题字段{re_news_title}	newscontent.php
添加新闻	news_add.php
修改	news_upd.php
删除	news_del.php

注意：　其中"标题字段{re_news_title}"、"修改"及"删除"的链接必须传递参数给转到的页面,这样,转到的页面才能够根据参数值从数据库中将某一笔数据筛选出来进行编辑。

step 12　首先选取"添加新闻",在"属性"面板中将它链接到 admin 文件夹中的 news_add.php 页面。

step 13　选取右边栏中的"修改"文字,在"属性"面板中找到建立链接的部分,并单击"浏览文件"图标 ,在弹出的对话框中选择用来显示详细记录信息的页面 news_upd.php,如图 7-71 所示。

图 7-71　选择链接的文件

step 14　单击 参数... 按钮，设置超级链接要附带的 URL 参数的名称与值。将参数名称命名为"news_id"，如图 7-72 所示。

图 7-72　"参数"对话框

step 15　选取"删除"文字并重复上面的操作，要转到的页面改为 news_del.php，并传递新闻标题的 ID 参数，如图 7-73 所示。

step 16　选取标题字段{Re_news_title}并重复上面的操作，要前往的细节页面改为"newscontent.php"并传递新闻参数，如图 7-74 所示。

step 17　单击 确定 按钮，完成转到详细页面的设置，到这里，已经完成了新闻内容的编辑，现在来设置一下新闻分类，单击"绑定"面板上的 + 按钮，从弹出的下拉菜单中选择"记录集(查询)"选项，在"记录集"对话框中进行如下设置：

- 在"名称"文本框中输入"Re1"作为该记录集的名称。
- 从"连接"下拉列表框中，选择数据源连接对象"news"。
- 从"表格"下拉列表框中，选择使用的数据库表对象为"newstype"。
- 在"列"栏中选中"全部"单选按钮。

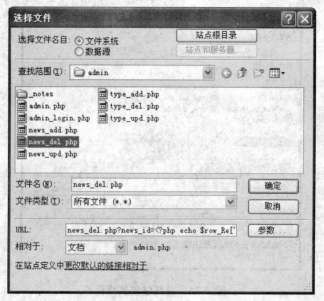

图 7-73　设置传递至 news_del.php

图 7-74　设置传递至 newscontent.php

完成的设置情况如图 7-75 所示。

step 18　绑定记录集后，应将 Re1 记录集中的 type_name 字段插入至 admin.php 网页中的适当位置，如图 7-76 所示。

step 19　加入"服务器行为"中的"重复区域"命令，选择需要重复的表格，如图 7-77 所示。

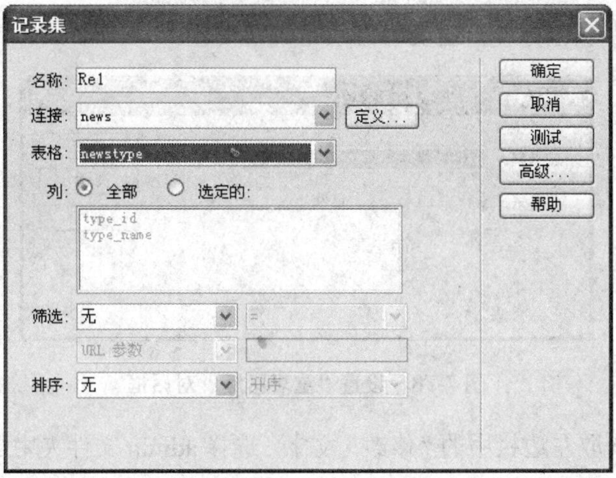

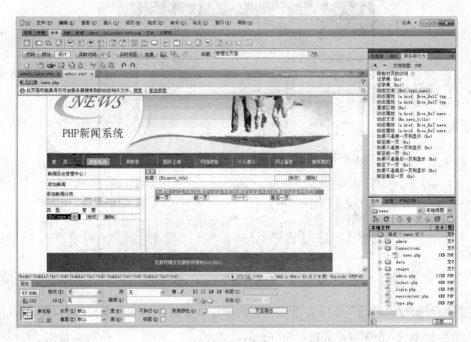

图 7-75 设置"记录集"对话框

图 7-76 插入字段至 admin.php 网页中

图 7-77 选择要重复的一列

step 20 单击"应用程序"面板群组中的"服务器行为"标签上的 + 按钮,从弹出的下拉菜单中选择"重复区域"选项,打开"重复区域"对话框,设定一页显示的数据为"所有记录",如图 7-78 所示。

step 21 单击 确定 按钮回到编辑页面,会发现先前所选取的区域左上角出现了一个"重复"灰色标签,这表示已经完成了设置。

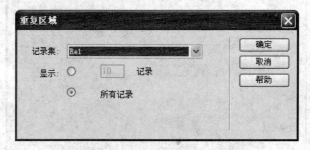

图 7-78 设置"重复区域"对话框

step 22 首先选取左边栏中的"修改"文字,选择 admin 文件夹中的 type_upd.php 链接并传递 type_id 参数,如图 7-79 所示。

图 7-79 设置传递至 type_upd.php

step 23 选取"删除"文字并重复上面的操作,要前往的细节页面改为 type_del.php 并传递 type_id 参数,如图 7-80 所示。

step 24 再选取"添加新闻分类",在"属性"面板中将它链接到 admin 文件夹中的 type_add.php 页面。

step 25 后台管理是管理员在后台管理入口页面 admin_login.php 输入正确的账号和密码才可以进入的一个页面,所以必须限制对本页的访问功能。单击"应用程序"面板群组中"服务器行为"标签中的 + 按钮,从弹出的下拉菜单中选择"用户身份验证"→"限制对页的访问"选项,如图 7-81 所示。

step 26 在弹出的"限制对页的访问"对话框中,针对"基于以下内容进行限制"选择"用户名和密码",如果访问被拒绝,则转到首页 index.php,如图 7-82 所示。

图 7-80　设置传递至 type_del.php

图 7-81　选择"限制对页的访问"

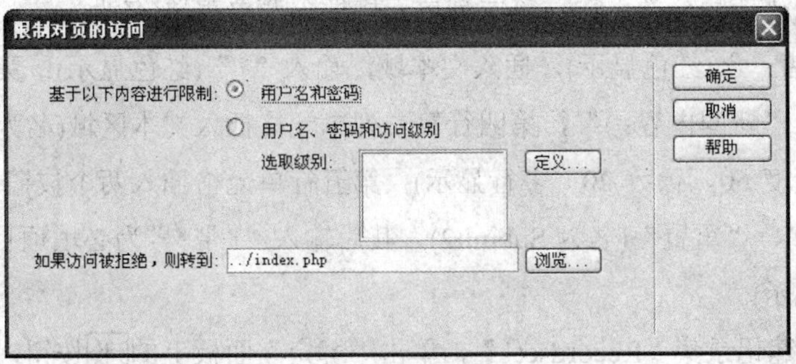

图 7-82　"限制对页的访问"对话框

step 27 单击 确定 按钮，就完成了后台管理主页面 admin.php 的制作。

4.3 新增新闻页面

新增新闻页面是 news_add.php，页面效果如图 7-83 所示，实现了插入新闻的功能。

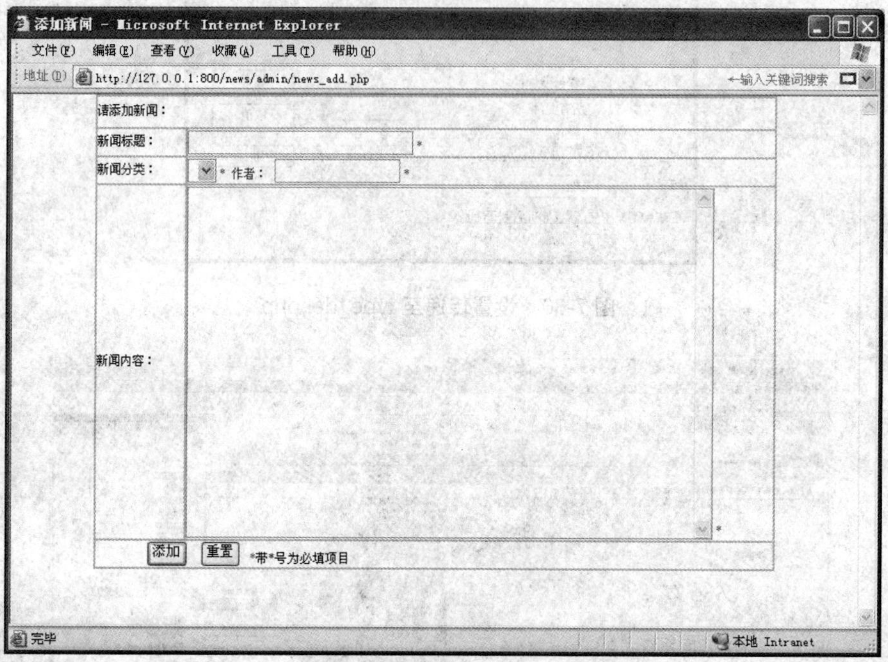

图 7-83 新增新闻页面的设计

详细操作步骤如下。

step 01 创建 news_add.php 页面，在页面中插入表单，表单内插入 5×2 表格(宽 650，边框 1，居中对齐)。合并表格的第一行和第五行单元格，在第一行单元格中输入文字"请添加新闻："；第二行第一列单元格输入"新闻标题："，第二列单元格插入文本域(名为 news_title)，其后输入"*"并设置为红色；第三行第一列单元格输入"新闻分类："，第二列单元格插入菜单表单(名为 news_type)，其后输入"*作者："(红色显示)，插入文本域，输入"*"(红色显示)；第四行第一列单元格输入"新闻内容："，第四行第二列单元格插入文本区域(名为 news_content，字符宽度 60，行数 20，多行显示)；第五行单元格插入两个按钮："添加"(名为 Submit)、"重置"(名为 Submit2)，其后输入"*带*号为必填项目"(第一个"*"红色显示)。

step 02 创建记录集"Recordset1"，单击"绑定"面板上的 按钮，从弹出的下拉菜单中选择"记录集(查询)"选项，打开的"记录集"对话框，如图 7-84 所示。

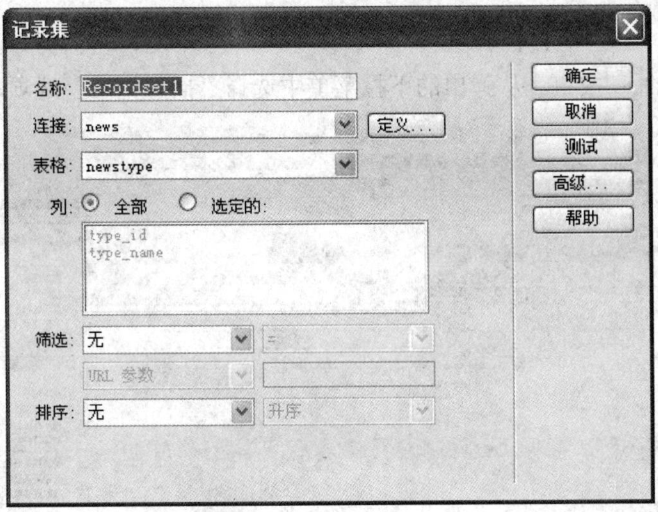

图 7-84 "记录集"对话框

step 03 绑定记录集后,单击"新闻分类"的列表菜单,在"新闻分类"的列表菜单属性面板中单击 动态... 按钮,在打开的"动态列表/菜单"对话框中进行设置,如图 7-85 所示。

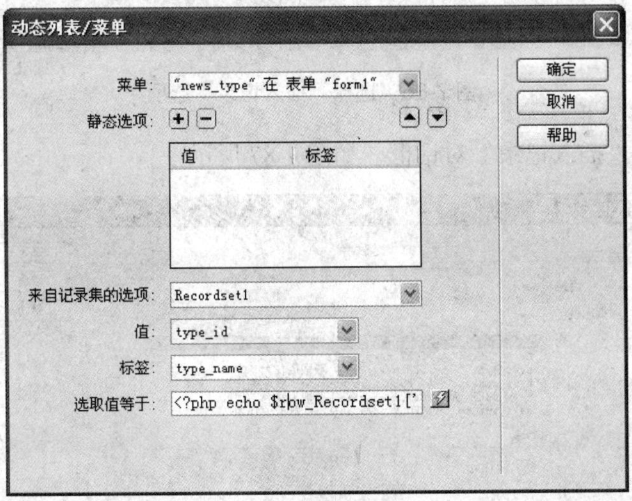

图 7-85 "动态列表/菜单"对话框

step 04 本章中的一个技术重点就是要使用 PHP 实现自动获取系统的默认时间,当插入新闻时能自动生成当时的时间。方法是绑定一个隐藏字段并命名为 news_date,切换到代码行,将值按以下设置,设置后单击 确定 按钮:

```
<input name="news_date" type="hidden" id="news_date"
 value="<?php date_default_timezone_set('Asia/Beijing');
    echo date("Y-m-d");
?>  //设置时间格式和时间区域
```

step 05 在 news_add.php 编辑页面，再次单击"应用程序"面板群组中"服务器行为"标签上的 + 按钮，从弹出的下拉菜单中选择"插入记录"选项，如图7-86所示。

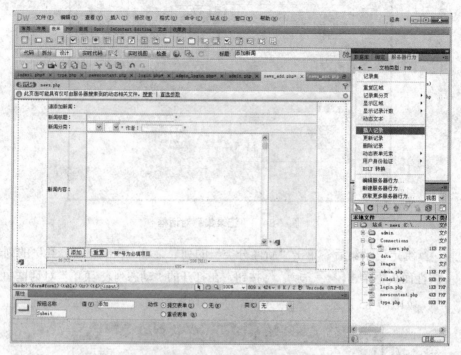

图 7-86 选择"插入记录"选项

step 06 设置"插入记录"对话框，如图7-87所示。

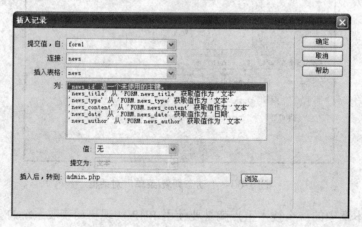

图 7-87 设置"插入记录"对话框

step 07 从菜单栏中选择"窗口"→"行为"命令，打开"行为"面板，单击"行为"面板上的 + 按钮，从打开的下拉菜单中选择"检查表单"选项，打开"检查表单"对话框，所有域均设置值为"必需的"、可接受为"任何东西"，如图7-88所示。

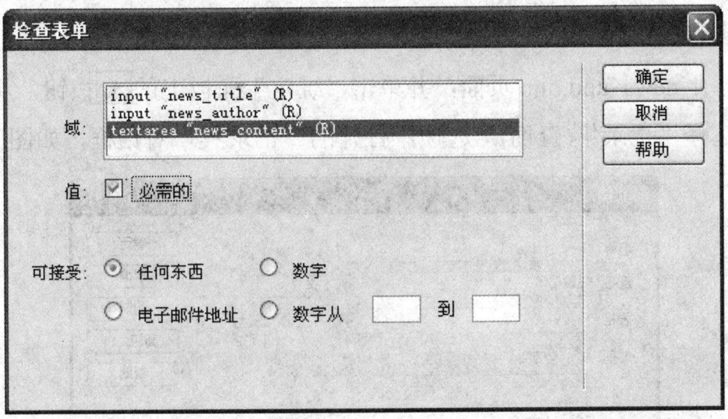

图 7-88 "检查表单"对话框的设置

step 08 单击 确定 按钮回到编辑页面,就完成了 news_add.php 页面的设计。

4.4 修改新闻的页面

修改新闻页面 news_upd.php 的主要功能是将数据表中的数据送到页面的表单中进行修改,修改数据后再将数据更新到数据表中,页面设计如图 7-89 所示。

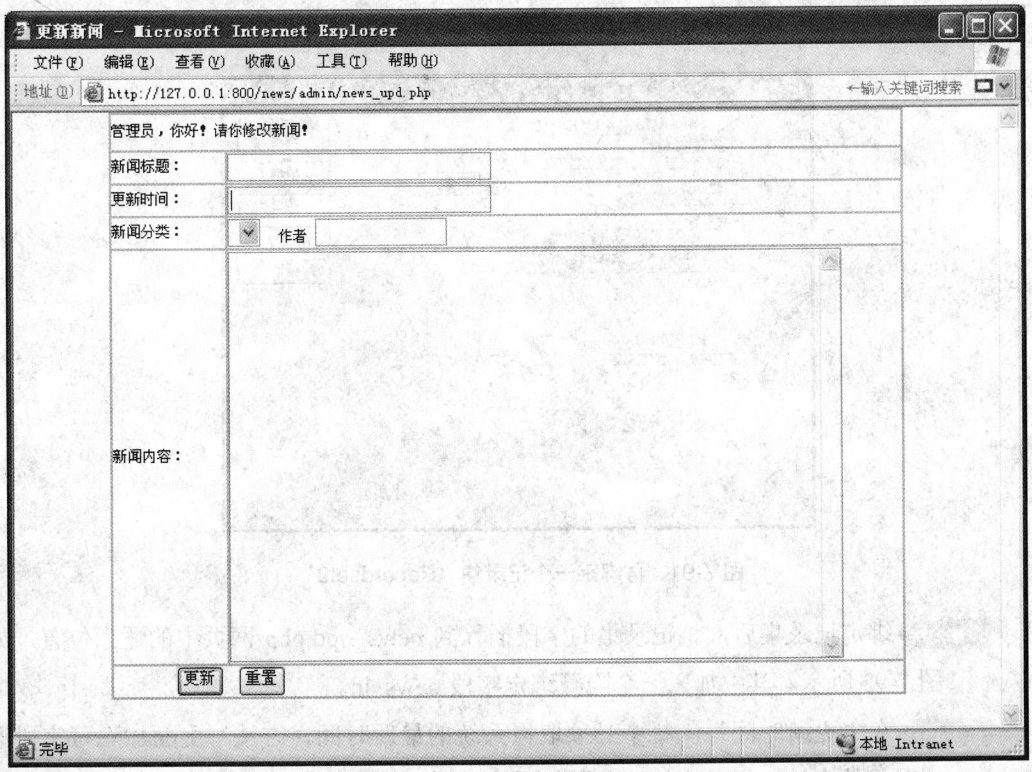

图 7-89 修改新闻页面的设计

详细操作步骤如下。

step 01 打开 news_upd.php 页面，并单击"绑定"面板上的 + 按钮，从弹出的下拉菜单中选择"记录集(查询)"选项，打开的"记录集"对话框，如图 7-90 所示。

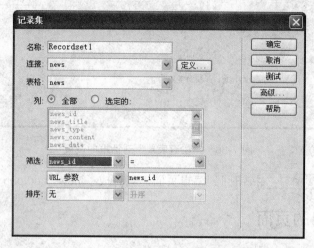

图 7-90　"记录集"对话框的设置

step 02 用同样方法，再绑定一个记录集"Recordset2"，在对话框中的设定如图 7-91 所示。

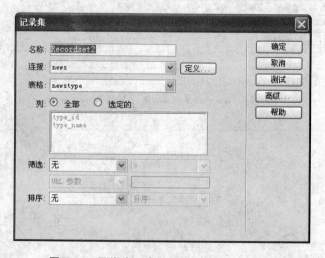

图 7-91　再绑定一个记录集"Recordset2"

step 03 绑定记录集后，将记录集的字段插入到 news_upd.php 网页中的适当位置，如图 7-92 所示。其中加入一个隐藏绑定字段 news_id。

step 04 在"更新时间"一栏中必须取得系统的最新时间，方法与上面加隐藏字段取得时间的方法一样，直接输入取得系统时间的代码，如图 7-93 所示。

step 05 单击"新闻分类"的列表菜单，在新闻分类的列表菜单属性面板中单击 动态...

按钮，在打开的"动态列表/菜单"对话框中进行设置，如图 7-94 所示。

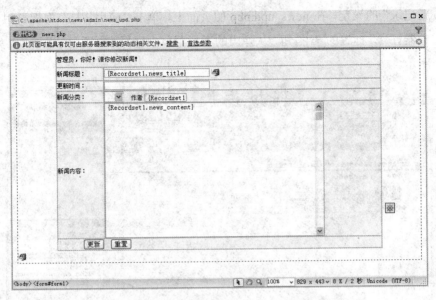

图 7-92 字段的插入

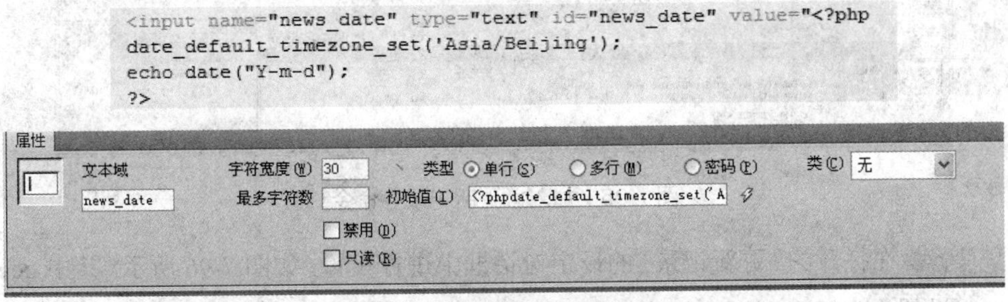

```
<input name="news_date" type="text" id="news_date" value="<?php
date_default_timezone_set('Asia/Beijing');
echo date("Y-m-d");
?>
```

图 7-93 加入代码取得最新时间

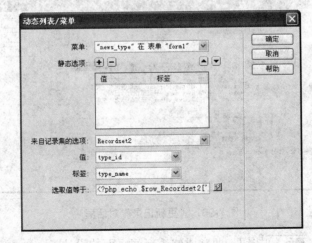

图 7-94 绑定"动态列表/菜单"

step 06 完成表单的布置后,要在 news_upd.php 这个页面加入"服务器行为"中"更新记录"的设定,在 news_upd.php 的页面上,单击"应用程序"面板群组中的"服务器行为"标签的 + 按钮,从弹出的下拉菜单中选择"更新记录"选项,如图 7-95 所示。

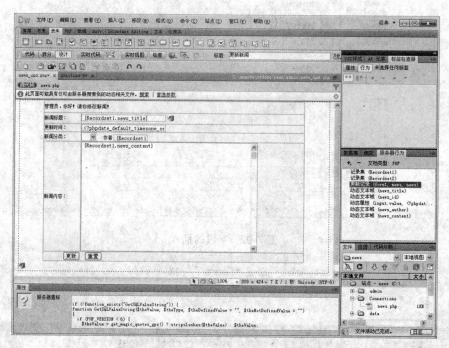

图 7-95 加入"更新记录"命令

step 07 在打开的"更新记录"的设定对话框中进行设置,如图 7-96 所示。其中 news_id 设置为主键。

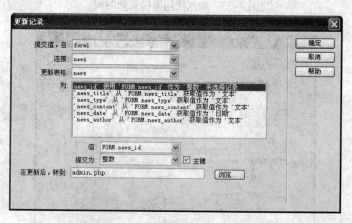

图 7-96 "更新记录"对话框

step 08 单击 确定 按钮,即完成修改新闻页面的设计。

4.5 删除新闻页面

删除新闻页面 news_del.php 和修改的页面差不多，如图 7-97 所示。其方法是将表单中的数据从站点的数据表中删除。

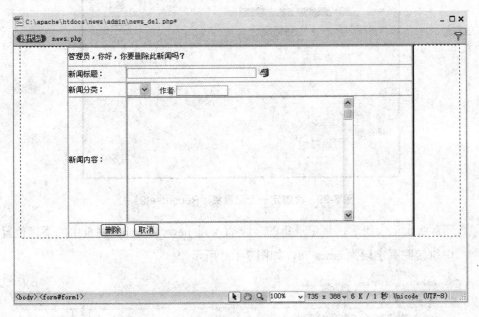

图 7-97 删除新闻页面的设计

详细操作步骤如下。

step 01 打开 news_del.php 页面，单击"绑定"面板上的 按钮，接着在弹出的下拉菜单中选择"记录集(查询)"选项，设置打开的"记录集"对话框，如图 7-98 所示。

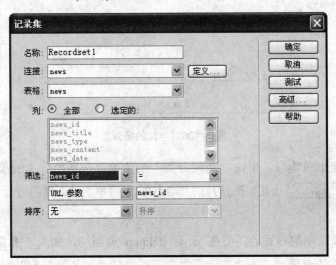

图 7-98 "记录集"对话框

step 02 用同样方法再绑定一个记录集，输入设定值，如图 7-99 所示。

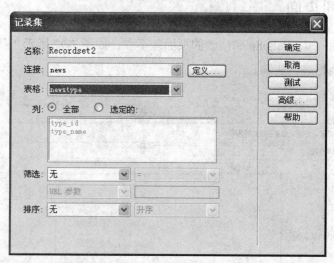

图 7-99　再绑定一个记录集"Recordset2"

step 03 绑定记录集后，将记录集的字段插入到 news_del.php 网页中的适当位置，其中绑定隐藏字段为 news_id，如图 7-100 所示。

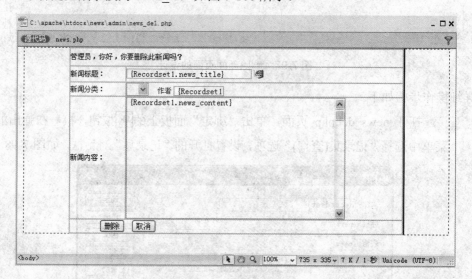

图 7-100　字段的插入

step 04 绑定记录集后，单击"新闻分类"的菜单，在新闻分类的菜单属性面板中单击 动态... 按钮，在打开的"动态列表/菜单"对话框中进行设置，如图 7-101 所示。

step 05 完成表单的布置后，要在 news_del.php 页面中，加入"服务器行为"中"删除记录"的设置，单击"应用程序"面板中的"服务器行为"标签上的 + 按钮，从弹出的下拉菜单中选择"删除记录"选项，在打开的"删除记录"对话框中，输入设定值，如图 7-102 所示。

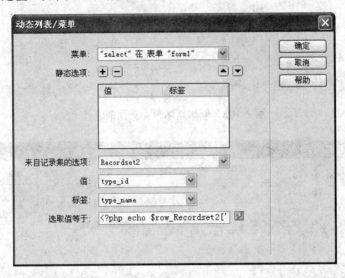

图 7-101　绑定"动态列表/菜单"

图 7-102　设置"删除记录"对话框

step 06　单击 确定 按钮，完成删除新闻页面的设计。

4.6　新闻新增分类页面

新增新闻分类页面 type_add.php 的功能是将页面的表单数据新增到 newstype 数据表中，页面设计如图 7-103 所示。

详细的操作步骤如下。

step 01　单击"应用程序"面板群组中"服务器行为"标签中的 按钮，从弹出的下拉菜单中选择"插入记录"选项，在打开的"插入记录"对话框中输入设定值，如图 7-104 所示。

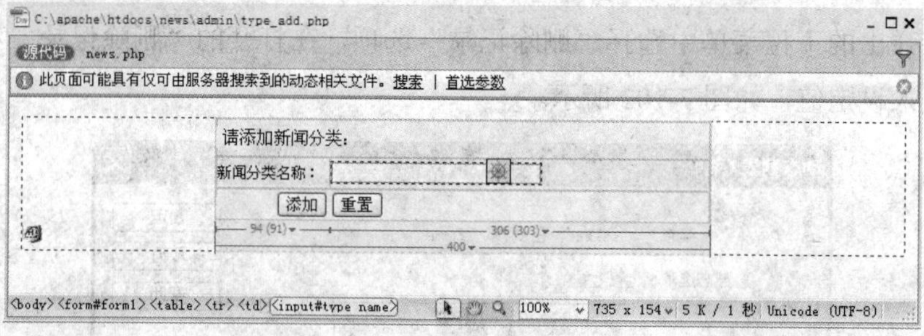

图 7-103 新增新闻分类页面的设计

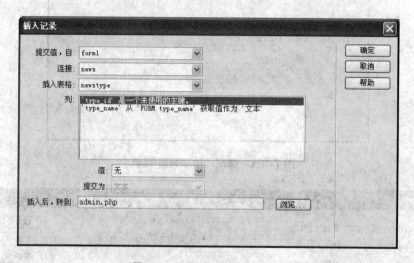

图 7-104 设定"插入记录"

step 02 选择表单,从菜单栏中选择"窗口"→"行为"命令,打开"行为"面板,单击"行为"面板中的 + 按钮,从弹出的下拉菜单中选择"检查表单"选项,打开"检查表单"对话框,设置"值"为"必需的"、可接受为"任何东西",如图 7-105 所示。

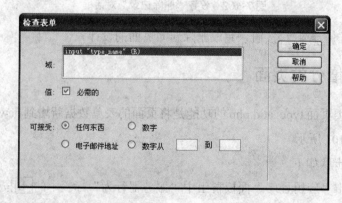

图 7-105 设置"检查表单"对话框

step 03 单击 确定 按钮,完成 type_add.php 页面的设计。

4.7 修改新闻分类页面

修改新闻分类页面 type_upd.php 的功能是将数据表的数据送到页面的表单中进行修改，修改数据后，再更新至数据表中，页面设计如图 7-106 所示。

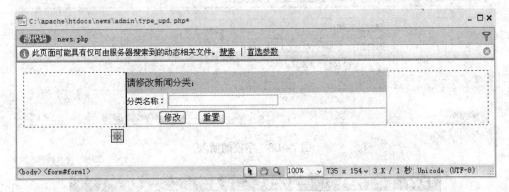

图 7-106 修改新闻分类页面的设计

详细操作步骤如下。

step 01 打开 type_upd.php 页面，并单击"应用程序"面板中"绑定"标签的 + 按钮。接着，在弹出的下拉菜单中选择"记录集(查询)"选项，打开"记录集"对话框，在对话框中输入设定值，如图 7-107 所示。

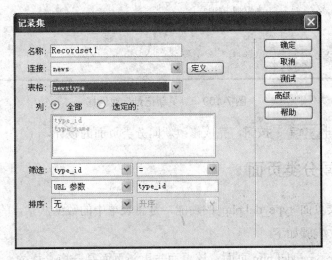

图 7-107 "记录集"对话框

step 02 绑定记录集后，将记录集的字段插入到 type_upd.php 网页中的适当位置，如图 7-108 所示。其中绑定一个隐藏字段为 type_id。

step 03 完成表单的布置后，要在 type_upd.php 这个页面加入"服务器行为"中"更新记录"的设定，在 type_upd.php 的页面上，单击"应用程序"面板中的"服务器行为"标签的 + 按钮,从弹出的下拉菜单中选择"更新记录"选项,在打开的"更新记录"对话框中输入设定值,如图 7-109 所示。

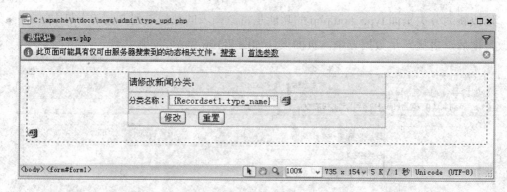

图 7-108 字段的插入

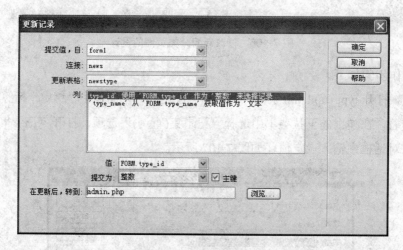

图 7-109 "更新记录"对话框

step 04 单击 确定 按钮,完成修改新闻分类页面的设计。

4.8 删除新闻分类页面

删除新闻分类页面 type_del.php 的功能,是将表单中的数据从站点的数据表 newstype 中删除。详细操作步骤如下。

step 01 打开 type_del.php 页面,该页面与更新页面是一模一样的。单击"应用程序"面板中"绑定"标签的 + 按钮。从弹出的下拉菜单中选择"记录集(查询)"选项,打开"记录集"对话框,在打开的"记录集"对话框中输入设定值,如图 7-110 所示。

step 02 绑定记录集后,将记录集的字段插入到 type_del.php 网页中的适当位置,如图 7-111 所示。其中绑定一个隐藏字段为 type_id。

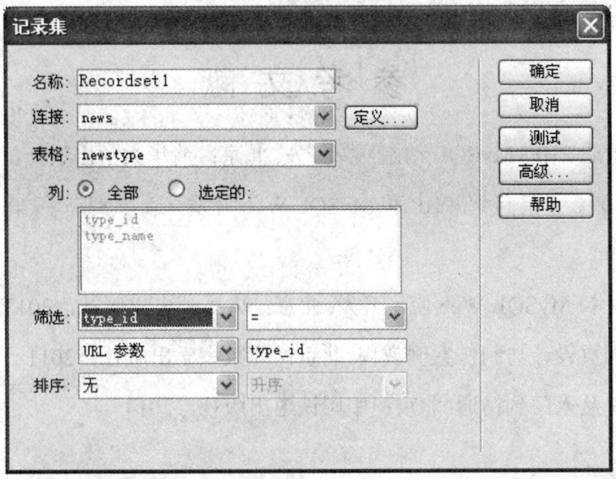

图 7-110 "记录集"对话框

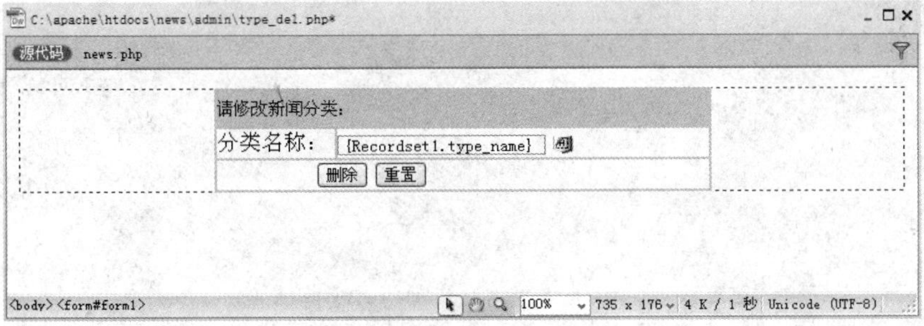

图 7-111 字段的插入

step 03 完成表单的布置后，要在 type_del.php 这个页面加入"服务器行为"中的"删除记录"的设定，在 type_del.php 的页面上，单击"应用程序"面板中的"服务器行为"标签的 按钮，从弹出的下拉菜单中选择"删除记录"选项，在打开的"删除记录"对话框中输入设定值，如图 7-112 所示。

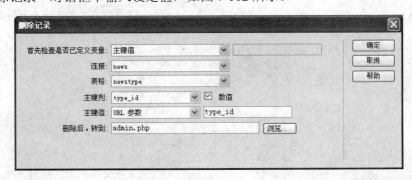

图 7-112 "删除记录"对话框

这样，一个实用的新闻管理系统就开发完毕了。读者可以尝试将本例开发新闻管理系统的方法应用到实际的大型网站建设中去。

参 考 文 献

1. 刘增杰，姬远鹏.精通 PHP+MySQL 动态网站开发.北京：清华大学出版社，2013
2. Kevin Yank.李强，裴云，黄向党.PHP 和 MySQL Web 开发从新手到高手(第 5 版).北京：人民邮电出版社，2013
3. 刘乃奇，李忠.PHP 和 MySQL Web 应用开发.北京：人民邮电出版社，2013
4. 房爱莲.PHP 动态网页设计与制作案例教程.北京：北京大学出版社，2011
5. 仲林林，王沫.PHP 从入门到精通.北京：中国铁道出版社，2014